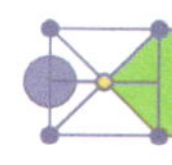
電気電子情報ビギナーズコース

電気電子計測

鈴木 剛・山岸航平［著］

講談社

- 本書に掲載されているサンプルプログラムやスクリプト、およびそれらの実行結果や出力などは、著者の手元の計算機環境で得られた一例です。本書の内容に関して適用した結果生じたこと、また、適用できなかった結果について、著者および出版社は一切の責任を負えませんので、あらかじめご了承ください。
- 本書に記載されている情報は、2025年1月時点のものです。
- 本書に記載されているウェブサイトなどは、予告なく変更されていることがあります。
- 本書に記載されている会社名、製品名、サービス名などは、一般に各社の商標または登録商標です。なお、本書では、TM、®、© マークを省略しています。

本文デザイン
トップスタジオ デザイン室（轟木亜紀子）

本文図版
さくら工芸社

まえがき

本書は、シリーズ名に「電気電子情報ビギナーズコース」とあるように、工学分野の大学2年次学生のような、主としてこれから専門科目を修得する方々などを対象に、電気電子計測の基礎事項を学ぶ教科書として執筆した。執筆にあたっては、電気電子計測技術に関わる基本的な内容を広く取り扱い、まとめるよう心がけた。技術的に現在の主流ではなくても、知識として重要な計測の原理や方法なども記載している。また、構成としても、計測一般や電気回路の基礎事項から始まり、電気量等の計測に用いられる法則や原理と方法、それらを用いた計測機器やセンサ、測定値の取り扱いや解析に関わるデータ変換やデータ処理の方法など、計測の流れを、順を追って学べるよう各章を配した。数式等の記載では、導出過程が分かるよう、なるべく説明や途中式の展開なども含めた。計測のための設計ツールや解析ライブラリ等が増え、容易に利用可能な今日において、「なぜ」、「何を」、「どのように」といった計測技術の筋道を考える力を養ってもらいたい。

計測技術は科学技術を支える基礎技術であり、また、計測技術自体が様々な分野に横断的に関わる応用技術でもある。新しい計測技術は日々開発されており、計測技術の発展が科学技術の発展に寄与し、また、科学技術の発展により計測技術が向上する循環的な関係にある。その中でも特に、今日のような大量の電気電子デバイスによって支えられている社会では、関連する製品やサービスの開発・製作・評価、現象や特性の理解など、様々な場面において電気電子計測技術は必要かつ不可欠な技術である。これから専門分野を学ばれる方や、すでに学ばれており基礎事項を見直したい方などに、本書を、電気電子計測技術を学ぶ一助として使っていただき、さらに、それを機に、より発展的な学習につなげていただければ著者として嬉しい限りである。なお、本書の執筆においては、第1～8章を鈴木が、第9～14章を山岸が担当した。著者の力量不足もあり、内容的に不十分な点についてはご意見をいただき今後改善していきたい。

本書の執筆にあたって、多くの文献を参考にさせていただいた。それらの著者と、これまでの理論・技術を築き上げてきた先駆者の方々に多大なる謝意を表したい。最後に、本書の執筆という素晴らしい機会を与えていただき、また、遅筆な著者を見限らず、長きにわたり粘り強く原稿執筆を見守っていただいた株式会社講談社サイエンティフィクに感謝する。

2025 年 1 月

鈴木　剛
山岸航平

目次

第9章 センサ 126

第10章 アナログ信号処理 137

第11章　AD/DA変換　154

第12章　周波数解析と雑音　166

第14章 統計処理 197

第1章 計測の基礎

今日の社会を支える科学技術は、計測技術とともに発展してきたと言える。計測技術の発展により、科学的探求等においては様々な現象の性質の解析が、また、ものづくり等においては高精度の加工や評価、管理等が可能となった。本章では、計測技術に関する基礎事項について述べる。

1.1 計測とは

対象となるものごとについて知り（調査・分析・解析など）、操る（調整・操作など）ためには、その対象の特徴を量として得る必要がある。観察などの定性的な評価・比較に対して、量として表すことで定量的な評価や客観的な比較が可能となる。これを実現する計測技術は、様々な科学技術分野にとって非常に重要である。

計測という言葉は、ともにハカル（計る、測る）という言葉からできている。前者の「計」は、計画・計算などに使われるように企てや謀の意味がある。また、後者の「測」は測定・測量などものごとの量を調べる意味がある。すなわち、「計測」とは、単にものごとを「測る」ことを指すのではなく、ある目的のために、ものごとを量として表すための方法を考え、実行し、その目的のために用いる、といった「測る」ための方法や、それを行う技術も概念に含んでいる。

ある目的のために、ものごとを量として表すためには、

- どのような情報が必要か、
- その情報は物理量として表せるか、

- その物理量は測定可能か、
- 他の量との関連はあるか、
- どれくらいの精度が必要か、

などを考える必要がある。

1.2 計測の種類

計測は、その測定方法や原理によりいくつかに分類される。ここでは主な計測方法の種類について述べる。各計測方法はそれぞれ特徴があるため、測定目的、測定環境、測定条件などによって適した方法を用いる。

1.2.1 直接測定と間接測定

直接測定（direct measurement）は、測定量を同種の基準となる量と比較する測定方法である。例えば、図 1.1 のように、電圧値を電圧計で測定する場合などは直接測定である。基準量と測定量が同じであるため、比較的測定が容易で測定値も評価しやすい。

間接測定（indirect measurement）は、測りたい量と関係のある、測りたい量とは異なるいくつかの量を測定し、そこから目的とする測定量を導く測定方法である。測りたい量と測定する量との関係は物理法則等に基づく。例えば、電流の測定において、抵抗値と電圧の測定値からオームの法則を用いて電流量を計算する場合などは間接測定である（図 1.1）。測りたい量と、実際に測定する量が異なるため、計算誤差や量間の関係による偏差などが生じる。測定条件によっては補正等が必要になる場合もある。しかし、測定対象や測定条件によっては、測定したい量が必ずしも直接測定できるとは限らないため、測定したい量と関連する他の量との関係を把握しておくことは重要である。

1.2.2 偏位法と零位法

偏位法（deflection method）は、測定対象の測定量そのもの、もしくは、測定量と一定の関係にある量で測定器の指針を変化させ、その度合いから測定量

直接測定の例

未知電圧 V を電圧計で測定する

間接測定の例

未知電圧 V を
$V=IR_2$ の関係から導く

測定したい量が直接的に測定できない場合もあるため、他の量との関係を知っておくとよい。

図 1.1　直接測定と間接測定

を知る方法である。例えば、アナログテスタによる抵抗測定では、テスタに内蔵された電源により被測定抵抗に電流を流し、電流値から抵抗値を測定する（図 1.2）。偏位法は測定が容易だが、測定量が測定器の特性の影響を受けやすい。例えば、経年変化などで測定器の基準が本来の調整値からずれた場合などは、その偏差が測定量に直接影響してしまう。

偏位法の例

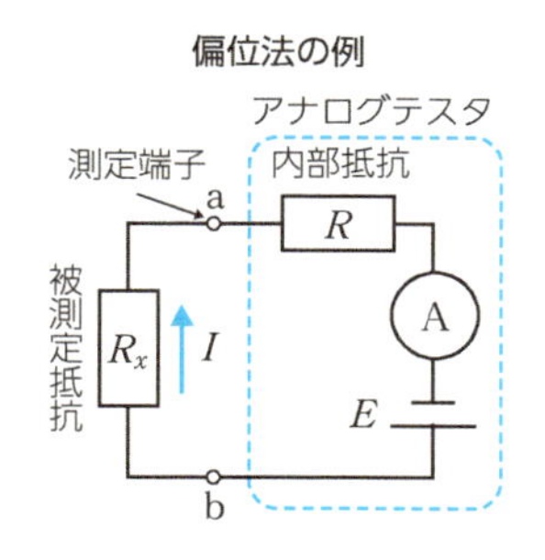

アナログテスタによる抵抗値計測

テスタの内蔵電源により電流を流し、被測定抵抗に流れる電流 I と基準電流 I_0 との比によって抵抗値を測定する。

$$R_x=R\left(\frac{I_0}{I}-1\right)$$

I_0 は、測定端子 ab 間の短絡電流

零位法の例

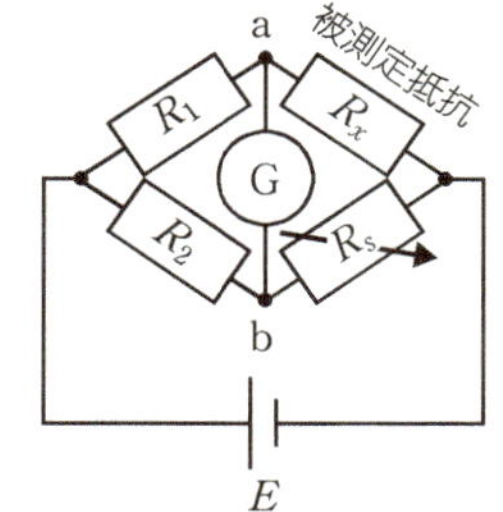

ホイートストンブリッジによる抵抗値計測

ab 間に電流が流れないよう R_s を調整し、各抵抗間の関係から抵抗値を測定する。

$$R_x=\frac{R_1}{R_2}R_s$$

図 1.2　偏位法と零位法

零位法（null-method または zero method）は、測定量とは独立のあらかじめ既知の基準量と測定量とを平衡させせて、そのときの既知量の大きさから測定量を知る方法である。零位法では、測定量と既知量の双方に測定器の特性が影響し、それらが相殺されるため、測定量が測定器の特性の影響を受けにくく、精度良く測定できる。零位法を用いた代表的な電気抵抗の測定回路としてホイートストンブリッジがあげられる。ホイートストンブリッジは、図 1.2 のように、被測定抵抗と、標準抵抗および 2 つの既知抵抗を用いてブリッジ電流が流れない（零位条件）ように調整し、抵抗値間の関係から被測定抵抗の抵抗値を求める回路である。

1.3 測定器の確度

計測には様々な測定器を用いるが、各測定器には、その測定器で得られる測定量の精度を表す性能が明示されている。その性能を測定器の**確度**（accuracy）という。つまり確度は、その測定器を使用して対象を測定した場合に得られる測定値の不確かさを含む確からしさを表す。

測定器の確度は次のように表現される。

1. 読み取り値（rdg）の%または dB 表示
2. 測定レンジのフルスケール値（fs）の%または dB 表示
3. 絶対値による表示

例題 1.1

確度表示が「読み取り値の%+レンジの%」で 0.01 + 0.002 であるディジタルマルチメータにおいて、レンジを 20.0000 V としたときの読み取り値が 5.0000 V であった。得られた測定値に含まれるあいまいさはいくらか。

解答

確度表示および読み取り値から、あいまいさは、

$$5.0000\,\mathrm{V} \times \frac{0.01}{100} + 20.0000\,\mathrm{V} \times \frac{0.002}{100} = 0.0005 + 0.0004 = 0.0009\,\mathrm{V}$$

と計算できる。したがって測定値の確からしさは、読み取り値のあいまいさを含めた、

$$5.0000 \pm 0.0009\,\mathrm{V}$$

となる。

なお、読み取り値がdBの場合は、確度もdB表示を用いる。dBは比を対数で表す単位で、例えば+1 dBは1.12倍（12%の変化）を意味する。

測定器の確度は、測定器自身や測定器のマニュアルなどに記載されており、測定レンジのほか、その確度が保証される期間や使用条件（例えば1年間、23℃±5℃）なども記載されている。長期にわたって測定器の確度を維持するためには、確度の保証期間を考慮した定期的な**校正**（calibration）が必要になる。測定器の校正は、国家標準または国際標準を基準としており、指定校正機関、認定事業者により行われる。この校正ルートが保たれ、国家標準まで体系的に辿れることを**トレーサビリティ**（traceability）という（図1.3）。トレーサビリティは、日本産業規格（JIS）Z 8103:2132に、次のように定義されている。
「不確かさがすべて表記された切れ目のない比較の連鎖によって、決められた基準に結びつけられ得る測定結果又は標準の値の性質。基準は通常、国家標準又は国際標準である。」

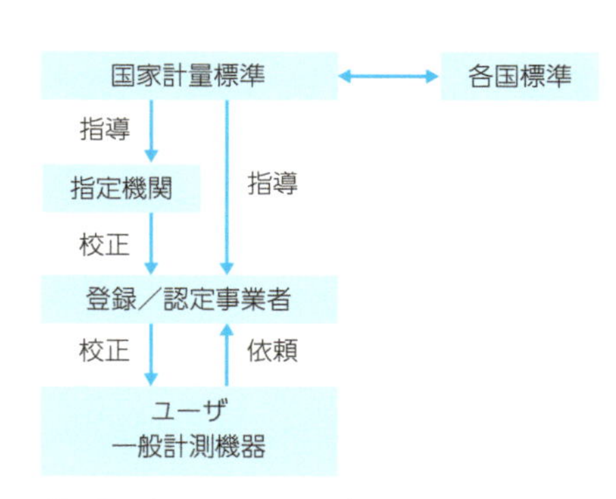

図1.3 測定器の校正とトレーサビリティ

1.4　有効数字

有効数字（significant figure）は、測定した値が何桁まで信頼できるかの精度、測定値として意味を持つ桁までを表す。有効数字は、「有効数字○桁」や「○桁まで有効」のような全桁、あるいは、「小数第○位まで有効」のような最小桁で表現する。例えば、1.6470 は有効数字 5 桁であり、小数第 4 位まで有効である。

有効数字の注意として、0.0164700 のような値の場合、先頭の 0.0 は位取りのゼロであり、1.64700×10^{-2} のように表し方によって小数点の位置が変わるため有効数字には数えない。一方、末尾のゼロは、その値が何桁まで意味を持つかを表すため、省略せずに有効数字に数える。したがって、この値の場合は有効数字 6 桁になる。有効数字では、有効桁数を明確にするために、先の 1.64700×10^{-2} のように仮数部 $N\times$ 指数部 10^m を使って表すことも多い。例えば、1.0 kg を g で表そうとした場合、有効数字を考慮すると 1000.0 g ではなく 1.0×10^3 g となる。

有効数字を持つ値の計算では、加減算は最小桁を精度の悪い値に合わせ、乗除算では全桁を精度の悪い値に合わせる（図 1.4）。例えば、15.68（4 桁）＋ 11.2（3 桁）の計算を考える場合、各値の最小桁（8 と 2）には不確かさが含まれると考える。不確かさを含む桁の数値（2）を、一方の信頼できる桁の数値（6）に加算もしくは減算した場合、その桁の計算結果には不確かさが含まれることになる。したがって、この場合は計算結果の 3 桁目以降（.88）が全て不確かな値と考えられるため、4 桁目を丸めて 3 桁で表すことが適切である。減算も同様である。乗除算の場合の考え方も同様である。例えば、12.34（4 桁）× 4.56（3 桁）の計算を考える場合、各値の不確かさを含む最小桁（4 と 6）が関わる桁の数値の計算結果には、すべて不確かさが含まれることになる。したがって、この場合は計算結果の 3 桁目以降（.2704）が全て不確かな値と考えられるため、4 桁目以降を丸めて 3 桁で表すことが適切である。除算も同様である。いずれの計算においても、3 桁までしか信頼できない数値を含んでいるにもかかわらず、計算結果として 4 桁に精度が上がるのはおかしいわけである。このように加減算においては精度の悪い値の「最小桁」に、乗除算においては精度の悪い値の「全桁」に計算結果を合わせる。

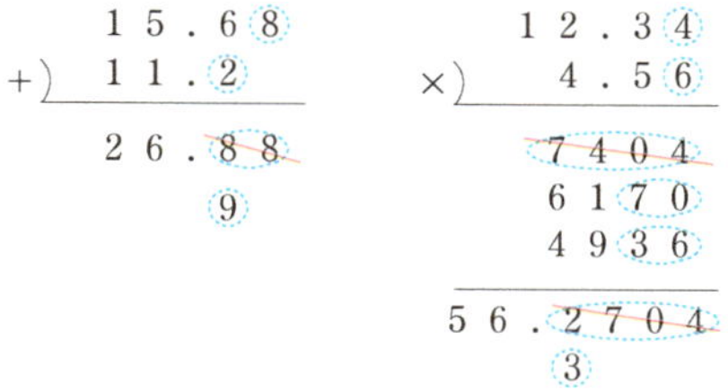

```
   15.68          12.34
+) 11.2        ×)  4.56
   26.88          7404
      9          6170
                4936
               56.2704
                   3
```

◯ は不確かさが含まれる値。不確かさを含む桁の数値と、信頼できる桁の数値で計算した場合、その桁の計算結果には不確かさが含まれる。

図 1.4　有効数字を持つ値の計算

その他、計測では、測定方法や測定対象の特性などにより、測定値に対して補正を行う場合があるが、計算において補正に用いる定数などは有効数字を持つ値と区別する必要がある。定数などが無理数の場合は、有効数字より1桁多く取って計算する。また、計算途中での有効数字の減少にも注意する。特に、計算途中において、同じような大きさの値同士の減算、除算がある場合は有効数字が減少するため、計算方法や計算順序を変更するなどして対処する必要がある。

1.5　誤差と不確かさ

我々は、計測器を通して被計測対象の測定量を得ることができるが、計測器には確度があり、得られる測定結果には常にあいまいさが含まれる。その意味で、我々が知り得る測定値はあいまいさを含む範囲での推定値であり、測定対象が持つ真実の量（**真の値**、true value）は知り得ない。このような、ただ一つに定まる真の値があるという概念に基づく測定の取扱いは、**誤差アプローチ**（error approach）と言われる。一方で、測定の妥当性評価に概念的な真の値は不要とし、誤差アプローチで生じる課題に対処するための、**不確かさアプローチ**（uncertainty approach）が提案されている。

いずれにせよ、計測においては、計測方法や計測条件、計測器の性能、計測者の技量など様々な要因によりあいまいさが生じる。「我々が実際に得られる測定値には必ずあいまいさが含まれる」という視点は計測において非常に重要であり、どのように対処するかは継続的な課題である。

1.5.1 誤差の定義

より厳密には、誤差は真の値と測定値の差を示す。測定値や誤差については次のような定義がある（図 1.5）。

- **真の値**（true value）：被計測対象が持つ真実の量。実際には知り得ない値。
- **母平均**（population mean）：無限個の測定値を平均した最も確からしい値。
- **標本（試料）平均**（sample mean）：ランダムに求められる有限個の測定値の平均。
- **誤差**（error）：真の値と測定値とのずれ。
- **偏り**（bias）：母平均と真の値とのずれ。
- **偏差**（deviation）：母平均と測定値とのずれ。
- **残差**（residual）：標本平均と測定値のずれ。

誤差は、真の値とのずれの方向により正または負の値を持つ。測定値と真の値との差を取ったとき、測定値が真の値よりも大きい場合は正の誤差、小さい場合は負の誤差となる。

$$誤差 = 測定値 - 真の値$$

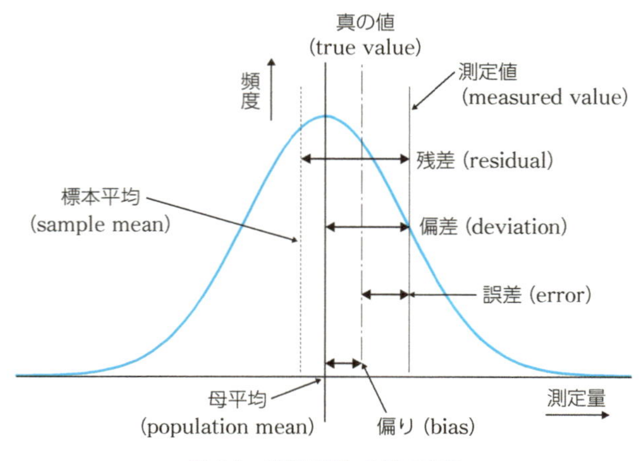

図 1.5　誤差に関わる値の定義

誤差の表現としては、次のものがある。

- **絶対誤差**（absolute error）：真の値と測定値の差を表し、後述する測定値の正確さの評価に使われる。

$$\text{絶対誤差} = |\text{誤差}|$$

- **相対誤差**（relative error）：真の値と絶対誤差の比で表し、測定量の大きさに依存しないため、異なる測定結果間の比較をしやすい。相対誤差を百分率（%）表示したものを誤差率（error rate）という。

$$\text{相対誤差} = \frac{\text{絶対誤差}}{\text{真の値}} \approx \frac{\text{絶対誤差}}{\text{測定値}}$$

測定値には必ず誤差が含まれるため、測定値の利用においては誤差が許容範囲（許容誤差）内に納まるかが重要である。

1.5.2 誤差の種類と対処

誤差には、発生する要因などにより、表 1.1 のようにいくつかの種類に分類され、それぞれ対処法が異なる。測定者の計測ミスなどによって生じる過失誤差や、規則的に生じる系統誤差などは補正が可能であるが、偶然誤差は原因不明で補正ができないため、次節のように統計処理を用いて影響を軽減する。

表 1.1　誤差の種類と原因、その対処

誤差の種類		原因など	対処方法
過失誤差		誤操作や測定者の計測ミスなどにより生じる誤差	測定者の熟練、測定時に注意を払うなど
系統誤差	機器誤差	測定器の個性、経年変化などの影響による誤差	測定器の校正
	理論誤差	測定方法そのものに起因する誤差	補正式などによる測定値の補正
	個人誤差	測定者の癖などに起因する誤差	測定者の熟練、複数の測定者による検証など
偶然誤差		原因が不明の制御できない誤差	補正不可能で常に含まれる。影響を軽減するために統計処理を用いる。

1.5.3 偶然誤差の性質と正規分布

偶然誤差はその発生原因が不明で、測定の度に大きさや符合が不規則に変化するが、測定を何度も繰り返すといくつかの性質が見られることが分かっている。この性質を表した法則をガウスの誤差法則（誤差の 3 公理）という。

ガウスの誤差法則（誤差の 3 公理）

1. 絶対値の小さい誤差は、大きい誤差より起こりやすい
2. 同じ大きさの正または負の誤差は、同じ割合で起こる
3. 絶対値がある程度以上の非常に大きな誤差は起こりにくい

過失誤差、系統誤差が正しく回避された場合、これらの偶然誤差の性質は図 1.6 に示す**正規分布**（normal distribution）で表されることが知られている。正規分布は確率密度関数

$$f(x) = \frac{1}{\sigma\sqrt{2\pi}} \exp\left(-\frac{(x_i - X)^2}{2\sigma^2}\right)$$

x_i: 測定値、X: 平均、σ: 標準偏差

で表される分布である。ガウスの誤差法則は、正規分布の性質を表している。この性質より、統計処理を用いて偶然誤算の影響を軽減することができる。例えば、複数回の測定を行って得られた測定値から平均値を取ることで、誤差の影響が相殺され確からしい値を得ることができる。

正規分布を表す正規曲線は、無次元量

$$u_i = \frac{x_i - X}{\sigma}$$

を用いて一般化すると、

$$f(u) = \frac{1}{\sigma\sqrt{2\pi}} e^{-\frac{u_i^2}{2}}$$

と表せる。この式で表される分布（図 1.7）を**標準正規分布**もしくは**基準正規分布**（standard normal distribution）という。

過失誤差、系統的誤差が正しく回避された場合の測定値（偶然誤差）の分布は正規分布になる。

正規分布を表す関数

確率密度関数（誤差関数）

$$f(x) = \frac{1}{\sigma\sqrt{2\pi}} \exp\left(-\frac{(x_i - X)^2}{2\sigma^2}\right)$$

x_i：測定値（$i=1\sim n$）、n：測定回数
X：平均、σ：標準偏差

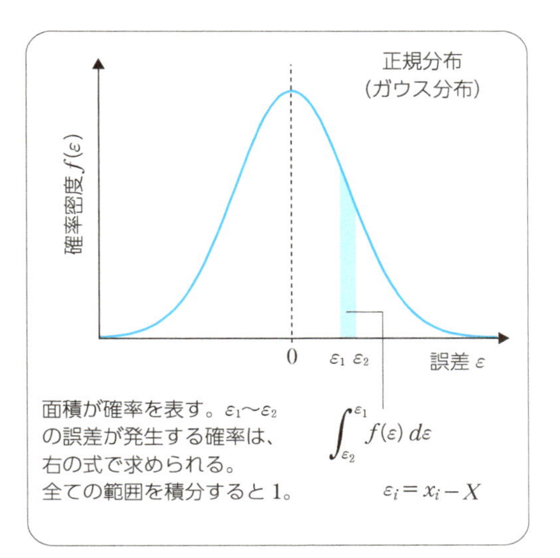

図 1.6　偶然誤差と正規分布

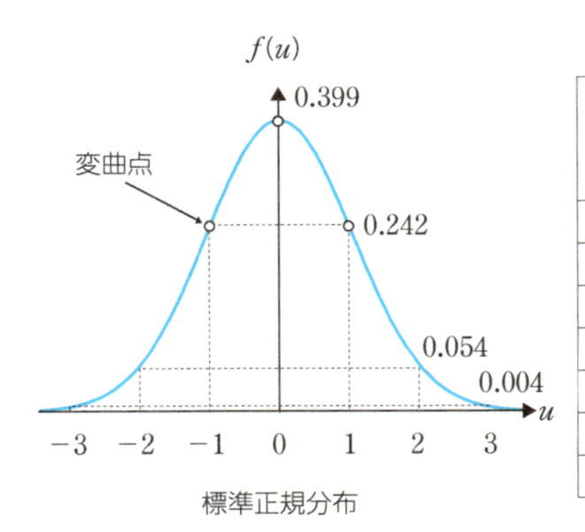

標準正規分布の代表値

u_i	確率 $\int_{-u_i}^{u_i} f(u)\,du$	高さ $f(u_i)$
0	0	0.399
1.000	0.683	0.242
1.645	0.900	0.103
1.960	0.950	0.058
2.000	0.954	0.054
2.500	0.988	0.018
3.000	0.997	0.004

図 1.7　標準正規分布

1.5.4 測定値の正確さと精密さ

測定の精密さと測定値の正確さは意味が異なる。図 1.8 は、いずれも偶然誤差を含む測定値の分布が正規分布を示しているが、正規分布の高さや幅が異なっている。この図から、

- A は、分布の幅は狭い（= 測定値のばらつきが小さい = 精密である）が、最確値が真の値から外れている（= 正確ではない）。
- B は、分布の幅が広い（= 測定値のばらつきが大きい = 精密ではない）が、最確値が真の値に近い（= 正確である）。

ということが言える。つまり、正確さとは誤差の小ささ、精密さとはばらつきの小ささを表す。JIS Z 8402-1 では、これらを**真度**（trueness）と**精度**（precision）と表しており、真度と精度を合わせた評価を**精確さ**（accuracy）としている。

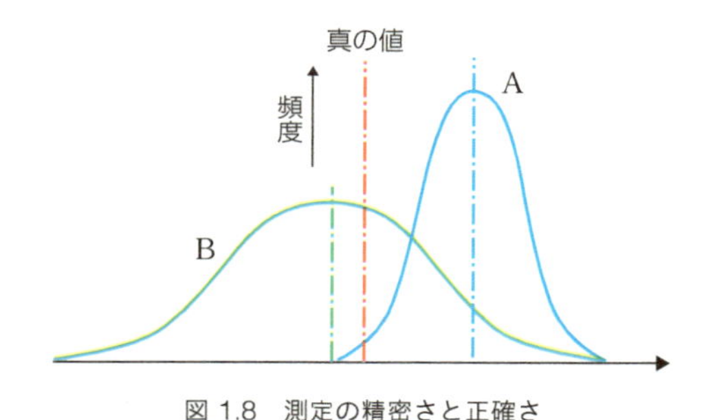

図 1.8　測定の精密さと正確さ

測定の真度は、前述の絶対誤差や相対誤差で評価する。一方で、測定の精度の評価には標準偏差が用いられる。標準偏差は、測定値のばらつき具合を表しており、各測定値が平均値（最確値）からどのくらい離れた値の集まりかを表す指標である。標準偏差は、次の式で表される。

$$\sigma = \sqrt{\frac{\sum(x_i - X)^2}{N}}$$

ただし、N: 標本数 $n \to \infty$、X: 母平均、x_i: 測定値

しかし、標準偏差は、母集団の標本数から求めることは難しいため、有限の試料数を用いて次の式から試料標準偏差を求める。

$$s = \sqrt{\frac{\sum(x_i - \overline{X})^2}{n-1}}$$

ただし、n: 試料数（有限）、$\overline{X}$: 試料平均、x_i: 測定値

正規分布と標準偏差の関係は、図 1.9 のように、$X \pm \sigma$ の範囲に 68.5%、$X \pm 2\sigma$ の範囲に 95.4%、$X \pm 3\sigma$ の範囲に 99.7%、の確率で測定値が入ることを示している。

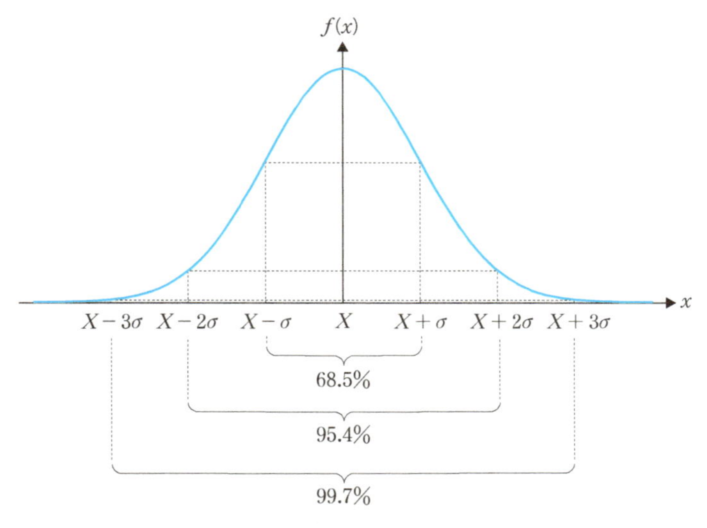

図 1.9　正規分布と標準偏差

1.5.5 誤差伝搬の法則

真の値がそれぞれ

$$x_1, x_2, \cdots, x_n$$

の n 種の測定量を用いて、真値が Y である測定量の最確値 y を間接測定で求めたい。このとき、Y と x_i $(i = 1, 2, \cdots, n)$ の間に、

$$Y = F(x_1, x_2, \cdots, x_n)$$

の関係があるとすると、個々の測定量 x_i $(i = 1, 2, \cdots, n)$ の精度（標準偏差）

$$\sigma_1, \sigma_2, \cdots, \sigma_n$$

が y の標準偏差 σ_y に影響する。これを**誤差の伝搬**（error propagation）とい

う。σ_y の見積もりには、次の**誤差伝搬の法則**（law of error propagation）が用いられる。

$$\sigma_y = \pm\sqrt{\sum_{k=1}^{n}\left(\frac{\partial F}{\partial x_k}\right)^2 \sigma_i^2}$$

1.5.6 測定の不確かさ

誤差アプローチは、実験で得られた測定結果に焦点をあて、測定値と真の値とのばらつきを評価し、その影響を減らすように測定を取り扱うアプローチである。しかし、概念的な量である真の値に基づき定義される誤差は厳密な意味で評価が難しく、また、測定の取扱いや関連する用語なども国や機関、専門分野において異なるなどの問題があったため、客観的に比較可能な、測定値のあいまいさの保証が求められた。そこで、測定の信頼性や用語の概念の共通化を図るために、1993 年に JCGM（Joint Committee for Guides in Metrology, 計量計測に関するガイド国際合同委員会）から **GUM**（Guide to the expression of uncertainty in measurement：測定における不確かさの表現のガイド）と **VIM**（International Vocabulary of Metrology：国際計量計測用語）が発行された。

1.5.7 不確かさの定義

測定のあいまいさが生じる要因には、実験時の測定値のばらつきだけでなく、測定機器の特性、測定対象の性質、測定方法、測定時の環境や状況、測定者の技術など、様々な可能性が考えられる。不確かさアプローチは、測定値に基づき、その測定値に関連付けられる、考え得る測定のあいまいさを評価し、測定値の信頼できる水準を示すアプローチである。

測定の不確かさは、JCGM 100:2008 の 2.2.3 に次のように定義されている。

uncertainty (of measurement)

parameter, associated with the result of a measurement, that characterizes the dispersion of the values that could reasonably be attributed to the measurand

これに基づき、JIS では Z 8103:2019 で次のように定義されている。

不確かさ

測定値に付随する、合理的に測定対象量に結び付けられ得る値の広がりを特徴づけるパラメータ。

注記 1　不確かさは、補正及び測定標準の付与された量の値に付随する成分のような、系統効果から生じる成分及び定義による不確かさを含む。推定した系統効果を補正せず、代わりにそれに関連する不確かさの成分を含める場合がある。

注記 2　パラメータは、例えば、標準不確かさと呼ばれる標準偏差（又はその指定倍量）でも、又は明示された包含確率をもつ区間の幅の半分でもよい。

注記 3　不確かさは、一般に多くの成分からなる。そのうち幾つかの成分は、不確かさのタイプ A 評価に基づき、一連の測定によって得られる量の値の統計分布から評価され、標準偏差によって特徴づけることができる。その他の成分は、不確かさのタイプ B 評価に基づき、経験又はその他の情報に基づく確率密度関数から評価され、これも標準偏差によって特徴づけることができる。

注記 4　一般に、ある与えられた一連の情報に対して、不確かさは、報告される測定値に付随すると理解される。異なる測定値を報告する場合、付随する不確かさも変わる。

注記 5　この定義は、ISO/IEC Guide 98-3:2008 に基づく。

注記 6　“不確かさ”という用語が測定の不確かさを表すか否か明確でない、又はそれを明確にすることが必要な場合、“測定不確かさ”又は“測定の不確かさ”を用いる。

不確かさの評価は、おおまかに、測定方法・条件などの明確化、“標準不確かさ”の計算、“合成標準不確かさ”の計算、“拡張不確かさ”の計算、“合成標準不確かさ”または“拡張不確かさ”を用いた測定結果の提示、といった流れで行われる。

1.5.8 標準不確かさ

GUM では、議論の便宜上、**標準不確かさ**（standard uncertainty）をタイプ A とタイプ B に分類しており、どちらの成分も確率分布に基づく分散または標準偏差として定量化される、としている。

タイプ A の標準不確かさは、「一連の観測の統計的分析による不確かさの評価」とされる。これは、実験等における測定のばらつきであり、基本的には試料標準偏差がタイプ A の標準不確かさに相当する。

$$\sqrt{\frac{\sum_{i=1}^{m}(x_i - \bar{X})^2}{m-1}}$$

ただし、m: 測定回数、$\bar{X}$: 試料平均、x_i: 測定値

また、この試料標準偏差 s となる一連の測定を n 回繰り返し行い、それらの測定値から平均値 $\bar{x}$ を求めた場合は、$\bar{x}$ の標準偏差 σ_x が、平均の式より誤差伝搬の法則を用いて、

$$\sigma_x = \sqrt{\frac{1}{n^2}\sum_{j=1}^{n} s^2} = \sqrt{\frac{1}{n^2} n s^2} = \frac{s}{\sqrt{n}}$$

となり、これが標準不確かさとなる。上式は、例えば標準偏差 s となる一連の測定を 100 回繰り返し行った場合、それらの平均をとることで標準偏差が 1/10 になることを表している。

タイプ B の標準不確かさは、「一連の観測の統計的分析以外の手段による不確かさの評価」としている。統計的分析以外の手段とは、測定対象の推定値に対して利用できる様々な情報に基づく科学的判断の評価であり、JCGM 100:2008 には、

- 以前の測定データ
- 関連する材料や、測定器の挙動や特性に関する経験あるいは一般的な知識
- 製造業者の仕様
- 校正証明書やその他の証明書に記載されているデータ
- ハンドブックから引用された基準データに割り当てられた不確かさ

などが例として挙げられている。タイプBの標準不確かさについても、利用する情報に適切な確率分布に基づき標準偏差で表す。確率分布には矩形分布などが使われる。

1.5.9 合成標準不確かさ

合成標準不確かさ（combined standard uncertainty）u_c は、タイプA、タイプBの区別なく、得られた全ての標準不確かさ成分を合わせた総合的な標準不確かさで、成分の二乗和の平方根で表される。

$$u_c = \sqrt{\sum_{k=1}^{n} {u_k}^2}$$

それぞれの標準不確かさの単位が異なる場合は、誤差伝搬の法則を用いて合成する。すなわち、それぞれ単位の異なる測定量 x_k（$k = 1, 2, \cdots, n$）と対象となる測定量 y の間に、

$$y = f(x_1, x_2, \cdots, x_n)$$

の関係があるとき、u_k（$k = 1, 2, \cdots, n$）を各測定量 x_k（$k = 1, 2, \cdots, n$）の標準偏差とすると、合成標準不確かさ u_c は、次式になる。

$$u_c = \sqrt{\sum_{k=1}^{n} \left(\frac{\partial f}{\partial x_k}\right)^2 {u_k}^2}$$

1.5.10 拡張不確かさ

拡張不確かさ（expanded uncertainty）U は、測定結果の信頼できる幅を定義する量であり、合成標準不確かさに**包含係数**（coverage factor）k をかけたものである。

$$U = ku_c$$

k は、通常 2〜3 とされており、$k = 2$ のとき 95.4 %、$k = 3$ のとき 99.7 %の信頼水準を与える。これらは、それぞれ標準偏差の $\pm 2\sigma$、$\pm 3\sigma$ の範囲に相当する。

1.5.11 誤差アプローチから不確かさアプローチへ

不確かさの評価により、測定結果の評価および評価プロセスの透明性がはかられ、測定値の公正な比較が可能となる。

不確かさの評価については、様々な測定モデルや統計的手法の利用など、継続的に議論が進められている。公表文書については、`https://www.bipm.org/en/committees/jc/jcgm/publications` からダウンロードできるので、参照されたい。また、日本では、JIS Z 8404-1:2018 に測定の不確かさに関する指針が示されている。

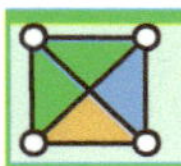

章末問題

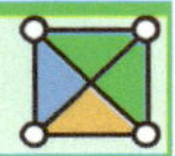

1.1 質量計測における偏位法と零位法の例をあげなさい。

1.2 身の回りで使用する計測機器の確度を確認し、不確かさを含む測定値を求めなさい。

1.3 測定回数が 10 回、測定値の平均が 8.22、各測定値と平均値の差の二乗和が 675 となる測定値の集合があった場合、標準偏差 σ を求めなさい。

1.4 電流 $I\,[\mathrm{A}]$、抵抗 $R\,[\Omega]$ から、間接的に電圧 $V\,[\mathrm{V}]$ を求めたい。次の問いに答えなさい。

(1) I、R の分散をそれぞれ σ_I^2、σ_R^2 としたとき、V の分散 σ_V^2 を誤差伝搬の法則を用いて推定しなさい。

(2) 電流および抵抗の値が $I = 1.0\,[\mathrm{A}]$、$R = 0.50\,[\Omega]$ のとき、どちらの測定精度が電圧の測定精度に影響するか、(1) の式から計算し、述べなさい。

第2章 単位と標準

「単位」は計測にとって重要な要素であり、「単位」を用いることで量の表現や比較が可能となる。国や組織によって単位の基準が異なると、量に対する公正な比較・評価・判断ができないため、国際的な基準となる単位の定義が必要であり、SI が採用されている。また、SI の定義に基づき、実際に単位を利用できるように、単位を技術的に実現したものが「標準」である。本章では、SI 単位系と電気標準について述べる。

2.1 単位とは

「**単位**（unit）」とは、測定量を表すための基準である。測定量の持つ特徴によって、単位の表現は異なる。測定量の特徴とは、我々がよく使うもので言えば、例えば、時間、長さ、重さなどであり、これらを同じ基準で表すことはできない。このため、それぞれの量の特徴に対する基準が必要であり、それを表す「単位」が必要となる。単位を用いることで、量を単位の倍数として表すことができ、同種の量を同じ尺度に基づいて表現し比較することが可能となる。それぞれの量の特徴を表す基準に基づき単位を定義し体系化したものを「単位系」という。

異なる定義の単位系が混在して用いられると、測定量の客観的な比較が困難であることは容易に想像できる。そこで単位の統一的な体系が必要となり、1875 年に成立した「メートル条約」を基本に、国際的な単位系の統一が行われた。それが次節で述べる国際単位系である。

2.2 国際単位系（SI）

国際単位系（SI：【仏】Le Système International d'Unités、【英】International System of Units）は、世界的に基準を統一した単位系として、1960 年 第 11 回 **国際度量衡総会**（CGPM： Conférence générale des poids et mesures）にて採用された。略称の SI は、仏語の語順に基づいている。国際度量衡総会は、4 年に一度、パリで開催される、SI を維持するために参加加盟国によって開催される会議である。

SI は、物理量を表す 7 つの基本単位、基本単位を組み合わせた組立単位、10 の整数乗位の接頭語から構成される単位系である（図 2.1）。SI における単位の定義は普遍性と精度が求められるため、科学技術の進歩に合わせて時代とともに変化している。表 2.1 に示すように、現在の定義[*1] は普遍的な定数に基づいており、2018 年 11 月に CGPM によって合意され、2019 年 5 月 20 日に有効となった。なお、5 月 20 日は世界計量デーであり、1875 年にメートル条約が世界 17 か国により署名された日である。

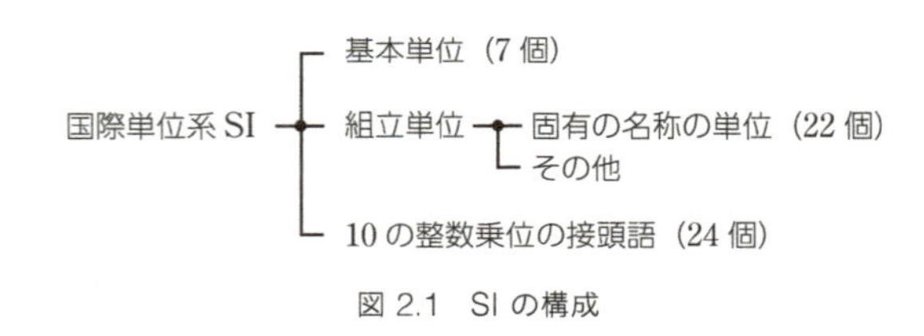

図 2.1　SI の構成

表 2.2 は、組立単位のうち固有の名称を持つ単位であり、基本単位をもとに構成される 22 個の単位が定義されている。それぞれの組立単位を構成する基本単位の表現との対応を見ると、組立単位の持つ意味が単位の構成からも分かる。例えば、電気量の単位である C（クーロン）は、電流（A）と時間（s）の積であり、1 C は、1 A の電流が、1 s の間に運ぶ電気量（電荷）となっている。なお、組立単位は、様々な科学技術分野で貢献した人物名に因む名称が多い。

表 2.3 は、10 の整数乗位の接頭語の定義であり、時代により接頭語も増えて

*1　The International System of Units (SI)、https://www.bipm.org/utils/common/pdf/si-brochure/SI-Brochure-9-EN.pdf（2024 年 5 月 7 日確認）

表 2.1　SI 基本単位（base units）

量	名称	記号	定義	定義・改定年
時間 time	秒 second	s	秒（記号は s）は、時間の SI 単位である。この単位は、非摂動・基底状態のセシウム 133 原子の超微細構造遷移のセシウム周波数 $\Delta\nu_{Cs}$ を単位 Hz （s^{-1} に等しい）で表したときに、その数値を 9 192 631 770 と定めることによって定義される。	1967（表現は 2018 に基づく）
長さ length	メートル metre	m	メートル（記号は m）は長さの SI 単位である。この単位は、真空中の光の速さ c を単位 m s^{-1} で表したときに、その数値を 299 792 458 と定めることによって定義される。ここで、秒はセシウム周波数 $\Delta\nu_{Cs}$ によって定義される。	1983（表現は 2018 に基づく）
質量 mass	キログラム kilogram	kg	キログラム（記号は kg）は質量の SI 単位である。この単位は、プランク定数 h を単位 J s （kg m^2 s^{-1} に等しい）で表したときに、その数値を $6.626\ 070\ 15 \times 10^{-34}$ と定めることによって定義される。ここで、メートルと秒は、真空中の光の速さ c、セシウム周波数 $\Delta\nu_{Cs}$ によって定義される。	2018
電流 electric current	アンペア ampere	A	アンペア（記号は A）は、電流の SI 単位である。この単位は、単位 C （A s に等しい）による表現において、電気素量 e を正確に $1.602\ 176\ 634 \times 10^{-19}$ と定めることによって設定される。ここで、秒はセシウム周波数 $\Delta\nu_{Cs}$ によって定義される。	2018
熱力学温度 thermodynamic temperature	ケルビン kelvin	K	ケルビン（記号は K）は、温度の SI 単位である。この単位は、ボルツマン定数 k を単位 J K^{-1} （kg m^2 s^{-2} K^{-1} に等しい）で表したときに、その数値を $1.380\ 649 \times 10^{-23}$ と定めることによって定義される。ここで、キログラム、メートル、秒は、プランク定数 h、真空中の光の速さ c、セシウム周波数 $\Delta\nu_{Cs}$ によって定義される。	2018
物質量 amount of substance	モル mole	mol	モル（記号は mol）は、物質量の単位である。この単位は、 1 モルには、厳密に $6.022\ 140\ 76 \times 10^{23}$ の要素粒子が含まれる。この数は、アボガドロ定数 N_A を単位 mol^{-1} で表したときの数値であり、アボガドロ数と呼ばれる。	2018
光度 luminous intensity	カンデラ candela	cd	カンデラ（記号は cd）は、所定の方向における光度を表す SI 単位である。この単位は、周波数 540×10^{12} Hz の単色放射の発光効率 K_{cd} を単位 lm W^{-1} （cd sr W^{-1}、または、 cd sr kg^{-1} m^{-2} s^3 に等しい）で表したときに、その数値を 683 と定めることによって定義される。ここで、キログラム、メートル、秒は、プランク定数 h、真空中の光の速さ c、セシウム周波数 $\Delta\nu_{Cs}$ によって定義される。	2018

表 2.2　SI 組立単位（固有名称のある単位）

量	名称	記号	基本単位による表現
周波数	ヘルツ	Hz	s^{-1}
力	ニュートン	N	$kg \cdot m/s^2$
圧力、応力	パスカル	Pa	$kg/(m \cdot s^2) = N/m^2$
エネルギ、仕事、熱量	ジュール	J	$kg \cdot m^2/s^2 = N \cdot m$
効率、放射束	ワット	W	$kg \cdot m^2/s^3 = J/s$
電気量、電荷	クーロン	C	$A \cdot s$
電圧、電位	ボルト	V	$kg \cdot m^2/(A \cdot s^3) = W/A$
静電容量	ファラド	F	$A^2 \cdot s^4/(kg \cdot m^2) = C/V$
電気抵抗	オーム	Ω	$kg \cdot m^2/(A^2 \cdot s^3) = V/A$
コンダクタンス	ジーメンス	S	$A^2 \cdot s^3/(kg \cdot m^2) = A/V$
磁束	ウェーバ	Wb	$kg \cdot m^2/(A \cdot s^2) = V \cdot s$
磁束密度	テスラ	T	$kg/(A \cdot s^2) = Wb/m^2$
インダクタンス	ヘンリー	H	$kg \cdot m^2/(A^2 \cdot s^2) = Wb/A$
セルシウス温度	セルシウス度	℃	K 【1 ℃ = 1 K − 273.15】
光束	ルーメン	lm	$cd \cdot m^2/m^2 = cd \cdot sr$
照度	ルクス	lx	$cd/m^2 = lm/m^2$
（放射性核種の）放射能	ベクレル	Bq	s^{-1}
吸収線量	グレイ	Gy	$m^2/s^2 = J/kg$
（各種の）線量当量	シーベルト	Sv	$m^2/s^2 = J/kg$
酸素活性	カタール	kat	mol/s
平面角	ラジアン	rad	m/m = 1
立体角	ステラジアン	sr	$m^2/m^2 = 1$

いる。科学技術の進歩とともに、数値、精度として扱える表現がより大きく、あるいは、小さくなっていることがうかがえる。

表 2.4 は、SI 単位ではないが、SI と併用できる単位として記載されている。なお、SI に基づく量や単位の扱いに関しては、**ISO/IEC 80000** や **JIS Z 8000** などの規格がある。また、日本では取引や証明などにおいて、SI に基づく計量単位を用いることが「計量法」で定められている。

表 2.3　10 の整数乗位の接頭語

倍数	接頭語	記号	採用年	倍数	接頭語	記号	採用年
10^{30}	quetta (クエタ)	Q	2022	10^{-1}	deci (デシ)	d	1960
10^{27}	ronna (ロナ)	R		10^{-2}	centi (センチ)	c	
10^{24}	yotta (ヨタ)	Y	1991	10^{-3}	milli (ミリ)	m	
10^{21}	zetta (ゼタ)	Z		10^{-6}	micro (マイクロ)	μ	
10^{18}	exa (エクサ)	E	1975	10^{-9}	nano (ナノ)	n	
10^{15}	peta (ペタ)	P		10^{-12}	pico (ピコ)	p	
10^{12}	tera (テラ)	T	1960	10^{-15}	femto (フェムト)	f	1964
10^{9}	giga (ギガ)	G		10^{-18}	atto (アト)	a	
10^{6}	mega (メガ)	M		10^{-21}	zepto (ゼプト)	z	1991
10^{3}	kilo (キロ)	k		10^{-24}	yocto (ヨクト)	y	
10^{2}	hecto (ヘクト)	h		10^{-27}	ronto (ロント)	r	2022
10^{1}	deca (デカ)	da		10^{-30}	quecto (クエクト)	q	

表 2.4　SI 単位と併用可能な非 SI 単位

量	名称	記号	SI 単位における値
時間 time	分 minute 時 hour 日 day	min h d	1 min = 60 s 1 h = 60 min 1 d = 24 h = 86 400 s
長さ length	天文単位 astronomical unit	au	1 au = 149 597 870 700 m
平面と位相角 plane and phase angle	度 degree 分 minute 秒 second	° ′ ″	$1^\circ = (\pi/180)$ rad $1' = (1/60)^\circ = (\pi/10\,800)$ rad $1'' = (1/60)' = (\pi/648\,000)$ rad
面積 area	ヘクタール hectare	ha	$1\ \mathrm{ha} = 1\ \mathrm{hm}^2 = 10^4\ \mathrm{m}^2$
体積 volume	リットル litre	l, L	$1\ \mathrm{l} = 1\ \mathrm{L} = 1\ \mathrm{dm}^3 = 10^3\ \mathrm{cm}^3 = 10^{-3}\ \mathrm{m}^3$
質量 mass	トン tonne ダルトン dalton	t Da	$1\ \mathrm{t} = 10^3\ \mathrm{kg}$ $1\ \mathrm{Da} = 1.660\,539\,066\,60(50) \times 10^{-27}\ \mathrm{kg}$
エネルギ energy	電子ボルト electron volt	eV	$1\ \mathrm{eV} = 1.602\,176\,634 \times 10^{-19}\ \mathrm{J}$
対数比 logarithmic ratio quantities	ネーパー neper ベル bel デシベル decibel	Np B dB	ネーパー（Np）は、$\ln = \log_e$ 1 dB = (1/10) B $\lg = \log_{10}$

2.3　電気標準

SI により単位は明確に定義されるが、我々の身の回りで単位を利用するためには、これらの定義に基づいて、単位の大きさを実際に取り扱える量として技術的に実現する必要がある。これを現示といい、現示により実現された基準を「標準」という。標準は、計測機器のトレーサビリティを保つためにも重要である。日本では産業技術総合研究所 計量標準総合センターにより国家一次標準が維持・管理されており、また、研究・開発が続けられている。

電気量を表す基本要素として電流、電圧、抵抗があり、これらはオームの法則により関係づけられることから、このうちの二つの量を現示し標準としている。この標準として電圧標準、抵抗標準がある。

2.3.1　電圧標準

電圧標準として、1977 年より**ジョセフソン効果**（Josephson effect）を利用した直流電圧標準が使われている。ジョセフソン効果とは、図 2.2 のように数 nm 程度の薄い絶縁層で隔てられた 2 層の超伝導電極（これをジョセフソン接合と呼ぶ）に電圧をかけると電流が流れる現象で、1962 年にブライアン・D・ジョセフソン（Brian David Josephson）によって発見された。絶縁層を量子力学的に電子が通り抜ける現象は「トンネル効果」と呼ばれ、ジョセフソン効果は超伝導電極を用いたトンネル効果である。

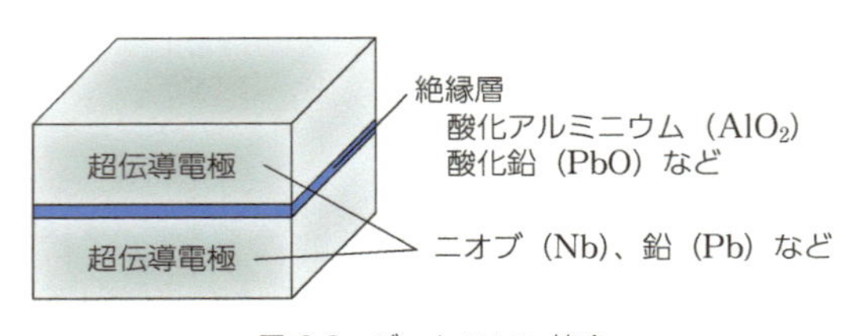

図 2.2　ジョセフソン接合

このジョセフソン接合に周波数 ν の電磁波（マイクロ波）を照射すると、図 2.3 のような階段状の電流・電圧特性（シャピロステップ）が得られる。1 ステップあたりの電圧 V は次式で与えられ、周波数により変化し $\nu = 10$ GHz で

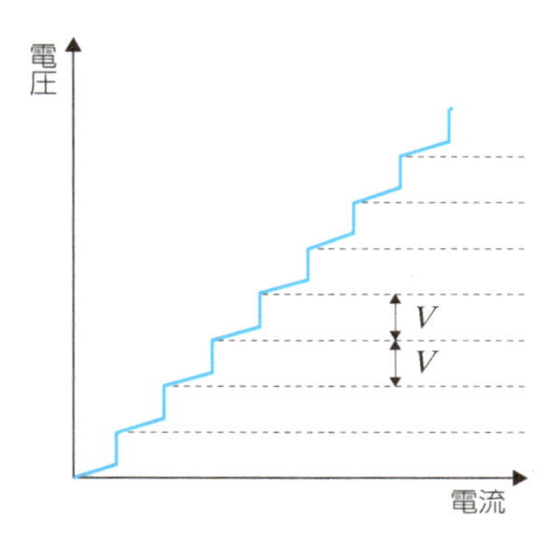

図 2.3 ジョセフソン接合の電流・電圧特性（シャピロステップ）

約 20 μV になる。

$$V = \frac{\nu}{K_J}$$

これは一種の電圧–周波数変換であり、これより n 段目の電圧 V_n は次式で求められる。

$$V_n = n\frac{\nu}{K_J}$$

K_J はジョセフソン定数と呼ばれ、2019 年発効の現行 SI において定義されたプランク定数 $h = 6.626\ 070\ 15 \times 10^{-34}$ J s および電気素量 $e = 1.602\ 176\ 634 \times 10^{-19}$ C に基づき次の確定値が用いられる。

$$K_J = \frac{2e}{h} = 483\ 597.848\ 416\ 984\ldots\ \text{GHz/V}$$

周波数 ν はセシウム原子時計により精度よく測定できるため、これらの値を用いて高精度の電圧を安定して得ることができる。

図 2.4 は、複数のジョセフソン接合をアレイ上に集積したジョセフソン電圧標準素子である。

2.3.2 抵抗標準

抵抗標準として、**量子ホール効果**（QHE: quantum hall effect）を利用した直流抵抗標準が使われている。量子ホール効果とは、極低温の強磁場に 2 次元電子系を置いて電流を流すと、磁場および電流と直交方向に電圧が発生する現象で、1980 年にクラウス・フォン・クリッツィング（Klaus von Klitzing）ら

図 2.4　ジョセフソン電圧標準素子（産業技術総合研究所）

により発見された。

図 2.5 のような GaAs/AlGaAs ヘテロ構造や Si-MOS FET の界面では、電子の動きが平面（2 次元）的になる。

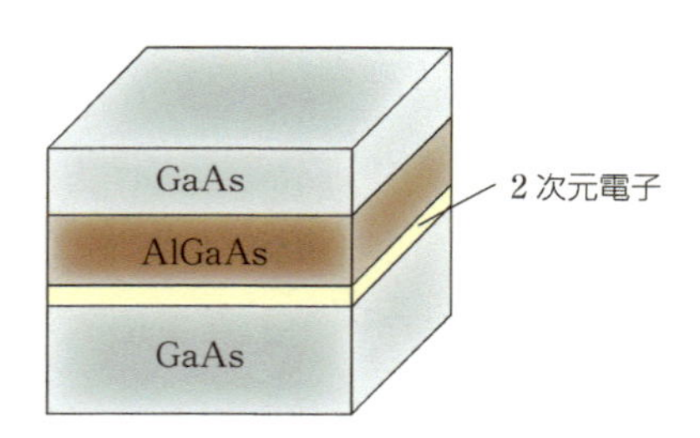

図 2.5　GaAs/AlGaAs ヘテロ構造

これを極低温の強磁場に置いて電流を流すと、生じるホール電圧 V_H および電流 I によって表されるホール抵抗は、磁場によって図 2.6 のように階段状に量子化される。このとき、ホール抵抗は、量子化の次数を n とすると、定数 R_k の関係式として次のように表される。

$$R_H = \frac{V_H}{I} = R_k \cdot \frac{1}{n} \quad (n = 1, 2, \ldots)$$

R_k はフォン・クリッツィング定数と呼ばれ、現行 SI のプランク定数 h および電気素量 e の定義値に基づき次の値になる。

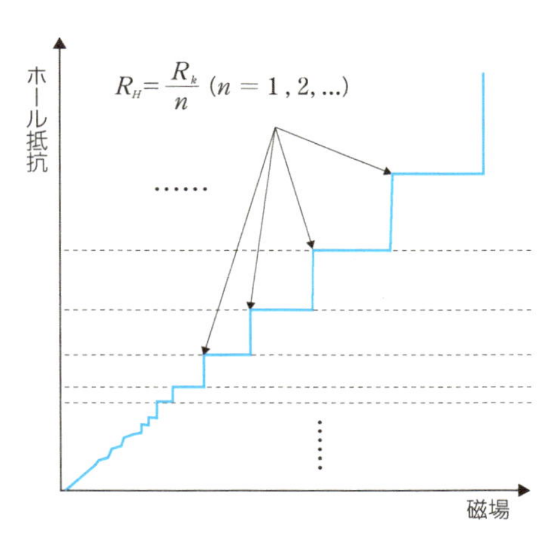

図 2.6 量子ホール効果

$$R_k = \frac{h}{e^2} = 25\ 812.807\ 459\ 304\ 5\ldots\ \Omega$$

これらの値を用いて、高精度で安定した抵抗値を得ることができる。

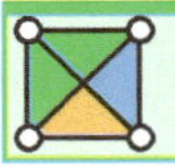

章末問題

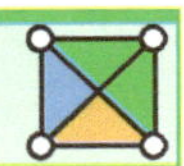

2.1 SI 基本単位について、定義の変遷について調査しなさい。

2.2 計量法で規定されている法定計量単位は SI との関わりを含めて 4 つに分類されている。それらを調べなさい。

2.3 ジョセフソン効果の式から、1.000 μV を得る周波数（単位は MHz）を計算しなさい。

2.4 日本では、産業技術総合研究所にて、量子電気標準が国家一次標準として維持・管理されているが、登録校正事業者が有する特定二次標準器としてツェナー標準電圧発生器がある。ツェナー標準電圧発生器について調べるとともに、国家一次標準から一般的なユーザが使用する電圧計などの汎用測定器までのトレーサビリティについて確認しなさい。

第3章 直流回路と交流回路

本章では、電気抵抗、コイル（インダクタンス）、コンデンサ（キャパシタンス）などの受動要素と、電気的エネルギの供給源となる直流電源および交流電源などの能動要素から構成される電気回路を対象とする。電気回路には、直流回路と交流回路があり、回路を構成する受動要素は同じでも、直流電源で駆動する直流回路では挙動が簡単で扱いやすく、交流電源で駆動する交流回路では電流・電圧の向きや大きさが時間により変化するため挙動が複雑になる。そこで本章では、後の章にも関わる直流回路と交流回路の基本事項について述べる。

3.1 直流と交流

直流（direct current, DC）とは、図 3.1(a) に示すように、電流や電圧の向き（正または負）が時間によらず一定の電気信号である。もとは「直流電流」を略したものだが、電気信号の性質を表す言葉として、電流や電圧、回路などに使われる。直流回路は、回路動作が簡単で解析しやすい特徴がある。直流を発生する電源の例としては、乾電池や蓄電池（バッテリ）などが挙げられる。

交流（alternating current, AC）は、図 3.1(b) のように、電流や電圧の向きが周期的に同じ変化を繰り返す電気信号である。もとは「交番電流」の略であるが、直流と同じく、電流・電圧、回路の性質などを表す言葉として使われる。交流電気回路は動作が複雑であり、解析には工夫を要する。交流の例としては家庭用電源や電波などが挙げられる。

このように、直流と交流では動作が異なり、それぞれの特徴によって使い分けられる。交流は、電源回路の製作、電圧の変換（変圧）、交流から直流への変換などが比較的簡単に行える。また、電力を送る場合、電流を小さく、電圧を

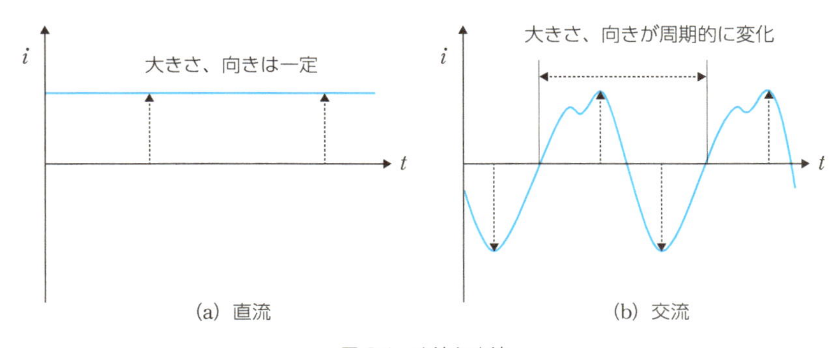

図 3.1　直流と交流

大きくする方が、損失が少なく、長距離送電が可能となる。我々が通常使用するパーソナルコンピュータや家電製品などの多くは直流で動作するが、電源となる家庭用コンセントの 100 V は交流である。発電所（数千〜2 万 V）や変電所などで、高電圧で送電し変圧を介して家庭まで交流で送電され、家電製品では AC アダプタなどを介して交流を直流に変換し、製品に適した電圧に調整して利用する。

3.2　基礎電気量と電気回路

第 2 章で述べたように、電気量の SI 基本単位は電流で、単位は A（アンペア）で表される。1 秒間（s）に 1 C の電荷量を移動させる電流が 1 A と定義される。つまり、電荷の移動＝電流である。電荷量の単位は、SI 組立単位で C（クーロン）であり、基本単位の組み合わせ A·s の固有単位名称である。

図 3.2 のように豆電球の 2 本の導線を乾電池に繋ぐと豆電球が点灯する。乾電池は内部の化学反応により電荷を移動させる力があり、導線を繋ぐことで、導線を通して豆電球へ電荷を移動させる力＝電圧が生じ、電流が流れる。豆電球に電流が流れると、豆電球のフィラメント（タングステン抵抗など）を通る際にジュール熱が発生し、熱放射により発光する。移動した電荷はもう一方の導線を通って乾電池に戻り、電荷の総量は変化しない。このように、電流が回って循環するよう構成された路を**電気回路**といい、乾電池や電球など、電気回路を構成する部品を**回路要素**という。

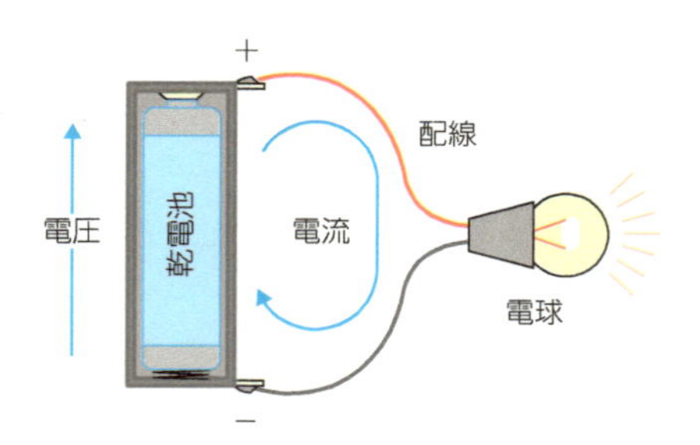

図 3.2　乾電池と豆電球による電気回路

3.2.1 電流と電圧

電流 I の大きさは、前述の定義に基づき、銅線などの導体断面を時間 Δt [s] 当たりに移動する電荷量 ΔQ [C] であり

$$I\,[\mathrm{A}] = \frac{\Delta Q}{\Delta t}\left[\frac{\mathrm{C}}{\mathrm{s}}\right] \tag{3.1}$$

である。電荷には、原子核を構成する陽子に代表される正電荷と、電子に代表される負電荷があり、電流の流れる向きは正電荷の移動方向となっている。

電圧は電流を流す働きだが、もう少し具体的には電気的な位置エネルギの差＝電位差であり、電流は電位の高い方から低い方に流れる。電位の高い方を正（+）、低い方を負（−）で表す。電圧 V の単位は、SI 組立単位の V（ボルト）であり、正の電荷量 ΔQ [C] が、移動によって ΔW [J] のエネルギを受けたときの、電荷を移動させた電位差として

$$V\,[\mathrm{V}] = \frac{\Delta W}{\Delta Q}\left[\frac{\mathrm{J}}{\mathrm{C}}\right]\left(=\left[\frac{\mathrm{W}}{\mathrm{A}}\right]\right) \tag{3.2}$$

と表される。

3.2.2 電力と電力量

図 3.2 では、電気回路内で、電圧により電荷が移動して回路要素（豆電球）に電流が流れ、熱エネルギに変換される。これは、回路要素が電流により受けたエネルギ（仕事）であり、これを電力という。ある時間 Δt [s] に回路要素が受けるエネルギが ΔW [J] のとき、電力 P は

$$P\,[\mathrm{W}] = \frac{\Delta W}{\Delta t}\,\left[\frac{\mathrm{J}}{\mathrm{s}}\right] \tag{3.3}$$

であり、単位はSI組立単位のW（ワット）である。また、式(3.1)、(3.2)から

$$IV = \frac{\Delta Q}{\Delta t}\cdot\frac{\Delta W}{\Delta Q} = \frac{\Delta W}{\Delta t} = P$$

となるので、電力は電流と電圧の積に等しい。

電力量は、電力の使用量であり、時間 Δt の間に使用した電力 P として

$$W = P\cdot\Delta t\,[\mathrm{W\cdot s}]\left(=\left[\frac{\mathrm{J\cdot s}}{\mathrm{s}}\right]=[\mathrm{J}]\right) \tag{3.4}$$

と表される。単位はワット秒（ワット秒はSI組立単位のジュールに等しい）になるが、電力測定では単位としては小さいため、kW・h（キロワット時）などが用いられる。

3.2.3 抵抗、インダクタンス、キャパシタンス

(1) 抵抗

図3.3(a)のように、端子a-b間に電圧 v をかけたときに電流 i が流れる回路要素を**電気抵抗**（electrical resistance）といい、R で表すと、それらの関係は

$$v = iR\,[\mathrm{V}] \tag{3.5}$$

となる。この関係を示す法則を**オームの法則**（Ohm's law）という。電気抵抗は、電気回路では単に抵抗とも呼ばれる。抵抗の単位はSI組立単位のΩ（オーム）である。式(3.5)から、抵抗は電圧と電流の比

$$R\,[\Omega] = \frac{v}{i}\,\left[\frac{\mathrm{V}}{\mathrm{A}}\right] \tag{3.6}$$

と表せる。抵抗はあらゆるものに存在しており、図3.1の銅線や豆電球も抵抗の一種である。また、この豆電球のように、電気エネルギを熱や光や機械的なエネルギなどに変換して消費する抵抗のことを負荷ともいう。抵抗の作用およびオームの法則は直流・交流どちらの回路でも成り立つ。抵抗を使うことにより回路内の電流・電圧の調整や、電気エネルギを利用した仕事をさせることが

できる。一方で、導線や接点などで生じる抵抗は回路性能に影響するため注意する必要がある。

(2) インダクタンス

導線をらせん状に巻いた電子部品が**コイル**（または**インダクタ**、inductor）であり、コイルに流れる電流が変化するとそれに伴って磁束が変化し、電磁誘導により起電力が生じる。これを**自己誘導**（self-induction）といい、起電力 v は時間 t と電流 i の変化に応じて

$$v = L\frac{di}{dt}\,[\mathrm{V}] \tag{3.7}$$

で表される。このとき、比例定数 L を**自己インダクタンス**（self-inductance）あるいは、単に**インダクタンス**という。インダクタンスの単位は SI 組立単位の H（ヘンリー）である。直流回路にインダクタンスがある場合では電流が変化しないため起電力は発生しない。したがって、コイルの導線が持つ抵抗を無視できる場合は、端子 a-b 間は**短絡**（short circuit）と考える。一方、交流回路では電流の大きさが変化するので、回路内のインダクタンスによるリアクタンスの影響を考慮する必要があり、これについては 3.4 節で述べる。電気回路記号を図 3.3(b) に示す。

(3) キャパシタンス

2 枚の金属板電極を、絶縁体を挟んで相対させ直流電流を流すと、電荷を蓄える性質を示す。このような回路要素を**コンデンサ**（または**キャパシタ**、capacitor）という。蓄える電荷の量を**静電容量**または**キャパシタンス**（capacitance）といい C で表すと

$$C = \varepsilon\frac{S}{d}\,[\mathrm{F}] \tag{3.8}$$

ただし、ε：絶縁体の誘電率、d：絶縁体の厚さ、S：電極の表面積

となる。単位は SI 組立単位の F（ファラド）である。回路に静電容量 C のコンデンサがあり、電圧 v をかけて電流 i を流したとき、C に蓄えられる電荷 q とすると、これらの関係は

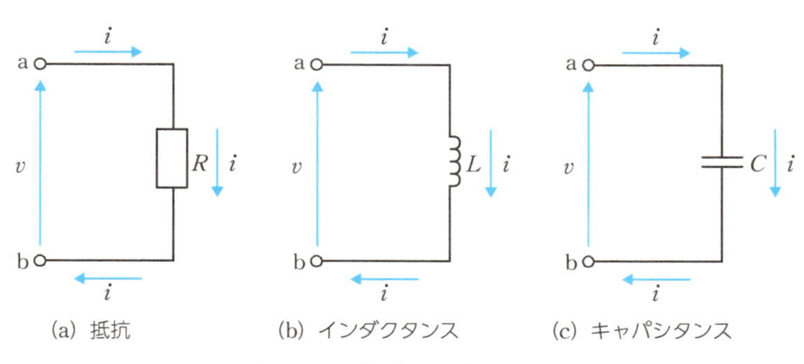

(a) 抵抗　(b) インダクタンス　(c) キャパシタンス

図 3.3　回路要素の接続と図記号

$$q = CV = \int i dt \tag{3.9}$$

であり、これより

$$i = C\frac{dv}{dt} \tag{3.10}$$

と表され、電圧の時間変化と電流が比例する。直流電圧をかけた場合、コンデンサに電流が流れ込む間は電荷 q が蓄えられ（充電）、飽和すると電流が流れなくなる。充電されたコンデンサを電源から外し、電極間に抵抗などを繋ぐと電位差が生じ、電荷を放出（放電）して電流を流すため、電池のような使い方もできる。交流回路では、電圧の周期的な変化があるため電流が流れるが、キャパシタンスによるリアクタンスの影響を考慮する必要があり、これについては 3.4 節で述べる。回路の図記号を図 3.3(c) に示す。

3.3 直流回路の基本

3.3.1 直流電源、抵抗、電源等価回路

乾電池や蓄電池などの直流電源は、正（+）端子と負（−）端子を持ち、図 3.4(a) 左側の図記号で表される。電源の起電力を E [V] で表している。これに、負荷や抵抗 R [Ω] を繋ぐと電位差が生じて + 端子から電流が流れ、負荷や抵抗を通って一巡して − 端子に戻ってくる。このとき、端子 a-b 間に生じる電圧 V [V]（= 抵抗両端の電位差)、抵抗 R [Ω] に流れる電流 I [A]、の大きさと向き

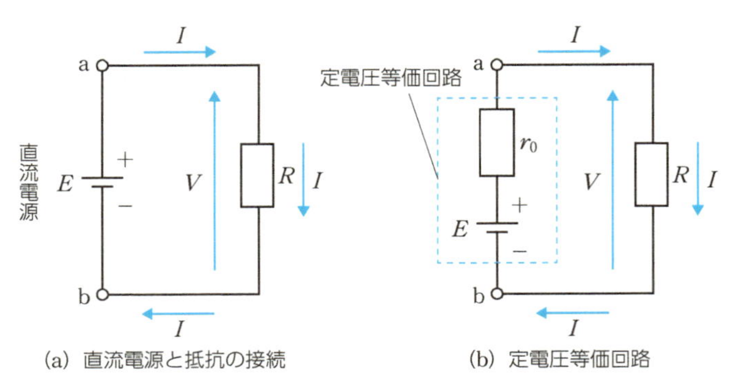

図 3.4　直流の定電圧等価回路

は基本的に一定であり、式 (3.5) より

$$V = IR\,[\mathrm{V}] \tag{3.11}$$

である。また、抵抗 $R\,[\Omega]$ で消費される電力 $P\,[\mathrm{W}]$ は

$$P = IV = I^2 R = \frac{V^2}{R}\,[\mathrm{W}] \tag{3.12}$$

である。これらの式から、電圧、電流、抵抗の、いずれか 2 つの量を測定すれば、もう一つの量、および、電力が求められることが分かる。

このとき、端子間電圧 V は電源の起電力 E よりも低くなる。これは、電源が回路に電流を流すための電位差を生じる際に、電源内にも電流の流れを妨げるような作用が働くためであり、この電源内に生じる抵抗を内部抵抗という。図 3.4(b) の破線部のように、電源 E に内部抵抗 r_0 を含めて表した回路を、電源の定電圧等価回路という。

3.3.2 抵抗による分圧と分流

図 3.5(a) のように端子 a-b 間に抵抗 R_1, R_2, R_3 が直列に接続されており、電圧 V により電流 I が流れるとき、抵抗 R_1, R_2, R_3 には同じ電流 I が流れる。したがって、各抵抗両端の電圧をそれぞれ V_1, V_2, V_3 とすると、次の関係が成り立つ。

$$V_1 = IR_1, \quad V_2 = IR_2, \quad V_3 = IR_3 \tag{3.13}$$

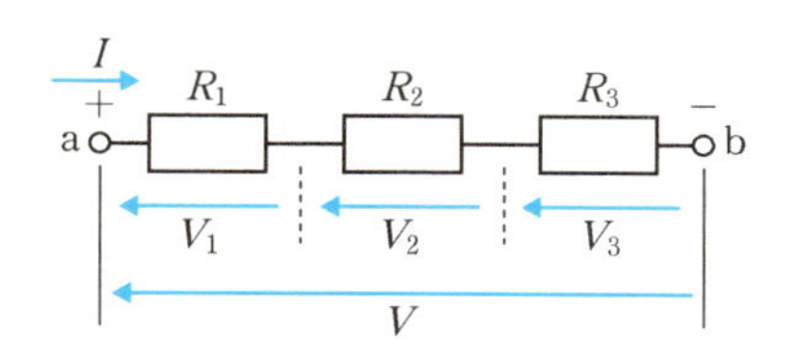

(a)　抵抗の直列接続による電圧の分圧

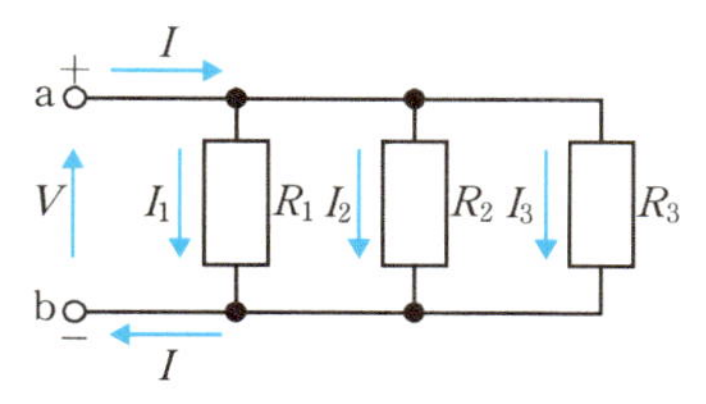

(b)　抵抗の並列接続による電流の分流

図 3.5　抵抗による分圧と分流

これより、端子 a-b 間の合成抵抗を R とすると

$$
\begin{aligned}
V &= V_1 + V_2 + V_3 = IR_1 + IR_2 + IR_3 \\
&= (R_1 + R_2 + R_3)\,I = RI
\end{aligned}
\tag{3.14}
$$

$$
R = R_1 + R_2 + R_3 \tag{3.15}
$$

であり、R は各抵抗の和となる。このとき、$I = V/R$ から、各電圧は

$$
V_1 = \frac{R_1}{R}V, \quad V_2 = \frac{R_2}{R}V, \quad V_3 = \frac{R_3}{R}V \tag{3.16}
$$

となり、端子 a-b 間の電圧が抵抗比により分圧されることが分かる。

また、図 3.5(b) のように端子 a-b 間に抵抗 R_1, R_2, R_3 が並列に接続されており、電圧 V により電流 I が流れるとき、抵抗 R_1, R_2, R_3 には同じ電圧 V がかかる。したがって、各抵抗に流れる電流をそれぞれ I_1, I_2, I_3 とすると、次の関係が成り立つ。

$$
I_1 = \frac{V}{R_1}, \quad I_2 = \frac{V}{R_2}, \quad I_3 = \frac{V}{R_3} \tag{3.17}
$$

これより、端子 a-b 間の合成抵抗を R とすると

$$
I = I_1 + I_2 + I_3 = \frac{V}{R_1} + \frac{V}{R_2} + \frac{V}{R_3} = \left(\frac{1}{R_1} + \frac{1}{R_2} + \frac{1}{R_3}\right)V = \frac{V}{R} \tag{3.18}
$$

$$
\frac{1}{R} = \frac{1}{R_1} + \frac{1}{R_2} + \frac{1}{R_3} \tag{3.19}
$$

となる。抵抗の逆数は電流の流れやすさを示しており、**コンダクタンス**（conductance）といい G で表す。単位は、SI 組立単位の S（ジーメンス）である。

したがって、式 (3.19) は、各抵抗のコンダクタンスを G_1, G_2, G_3、合成コンダクタンスを G とすると

$$G = G_1 + G_2 + G_3 \tag{3.20}$$

$$I = (G_1 + G_2 + G_3)\,V = GV \tag{3.21}$$

となり、G は各コンダクタンスの和となる。このとき、$V = I/G$ より

$$I_1 = \frac{G_1}{G}I, \quad I_2 = \frac{G_2}{G}I, \quad I_3 = \frac{G_3}{G}I \tag{3.22}$$

となり、端子 a-b 間の電流がコンダクタンス比により分流されることが分かる。

これらの仕組みは、電流や電圧の測定などでよく用いられる。

例題 3.1

下図の回路において $E = 32\,\text{V}$、$R_1 = 2\,\Omega$、$R_2 = 10\,\Omega$、$R_3 = 5\,\Omega$、のとき、電流 I、I_1、I_2 と a-b 間の電圧 V_{ab} を求めなさい。

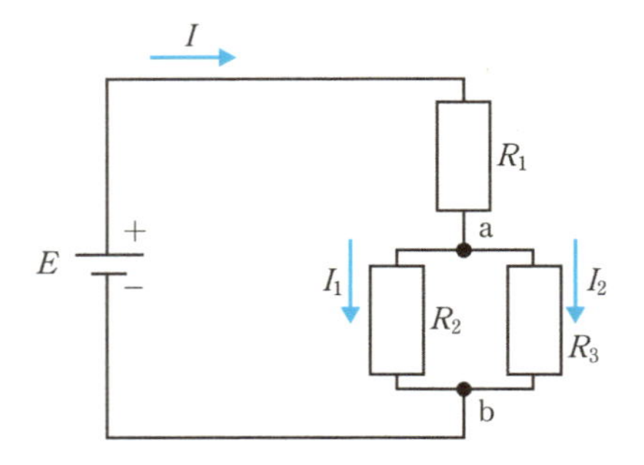

解答

回路の電圧の関係から、

$$E = \left(R_1 + \frac{R_2 R_3}{R_2 + R_3}\right) I$$

である。値を代入して計算すると、

$$I = 6\,\text{A}$$

となる。これより、R_1 両端の電圧を V_1 とすると、

$$V_1 = R_1 I = 12\,\mathrm{V}$$

であり、V_{ab} は

$$V_{ab} = E - V_1 = 20\,\mathrm{V}$$

である。また、これより、

$$R_2 I_1 = R_3 I_2 = 20\,\mathrm{V}$$

なので、

$$I_1 = 2A、\quad I_2 = 4\,\mathrm{A}$$

となる。

3.4 交流回路の基本

ここでは、交流回路での電流・電圧の表し方など基本的な事項を述べる。交流回路に関する計算の詳細などは、電気回路の書籍等を参考にされたい。

3.4.1 交流のパラメータ

交流は、電流または電圧の値を 1 周期にわたって平均した値がゼロとなるものとして定義される。平均がゼロでないときは、その平均値に等しい直流と、交流が重なっていると考える。

図 3.6 のような周期波形を考える。ここでは電流波形を例にとるが、電圧波形も同様である。図 3.6 において、電流の大きさや正負の向きは時々刻々と変化する。このような時間的に変動する量の瞬間的な値を**瞬時値**（instantaneous value）といい、時間関数 $i(t)$ で表される。瞬時値は時間的に変動するため、周期波形を表す代表値として瞬時値の絶対値の**平均値**（mean value）や**実効値**（root mean square, rms）が用いられる。瞬時値 $i(t)$ の平均値 I_a [A] は

$$I_a = \frac{1}{T}\int_0^T |i(t)|\,dt \tag{3.23}$$

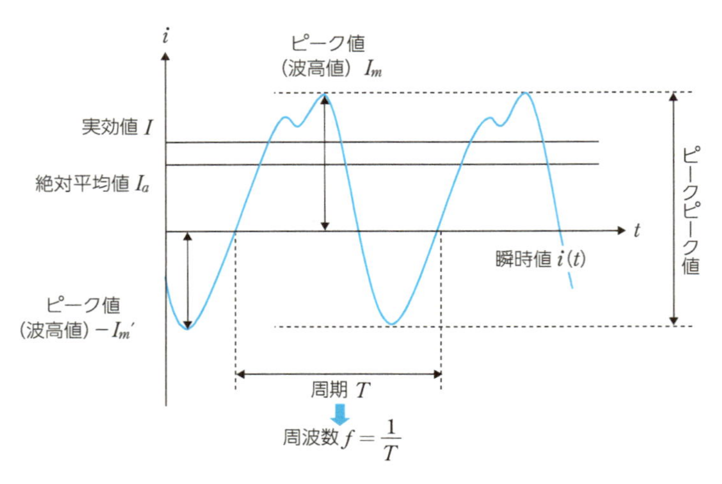

図 3.6　交流波形におけるパラメータ

となり、実効値 I [A] は

$$I = \sqrt{\frac{1}{T}\int_0^T i(t)^2 dt} \tag{3.24}$$

となる。実効値は、交流の仕事を直流に換算した値である。実効値と平均値との比を**波形率**（form factor）といい

$$\mathrm{FF} = \frac{I}{\bar{I}_a} \tag{3.25}$$

である。正弦波のような正負対称的な波形であれば平均値、実効値のどちらも使えるが、歪のある波形などでは実効値を用いる方がよい。波形の振幅を**ピーク値**（peak value、または波高値）という。正負で値が異なる場合は、それぞれ正または負のピーク値となる。正負のピーク値の幅は**ピークピーク値**（peak-to-peak value）という。ピーク値と実効値の比を**波高率**（crest factor）といい

$$\mathrm{CF} = \frac{I_m}{I} \tag{3.26}$$

である。波高率は交流電源回路の性能評価などに用いられる。

3.4.2 正弦波交流のパラメータ

電源回路の作りやすさや波形の扱いやすさなどから、交流信号には正弦波交

流が扱われる。正弦波交流は、周期的に正弦関数状に変化する波形であり、電流、電圧の瞬時値の式は次のようになる。

$$i(t) = I_m \sin(\omega t + \theta_I)\ [\mathrm{A}], \quad v(t) = V_m \sin(\omega t + \theta_V)\ [\mathrm{V}] \tag{3.27}$$

式 (3.27) と正弦波の各値の対応は図 3.7 のようになる。

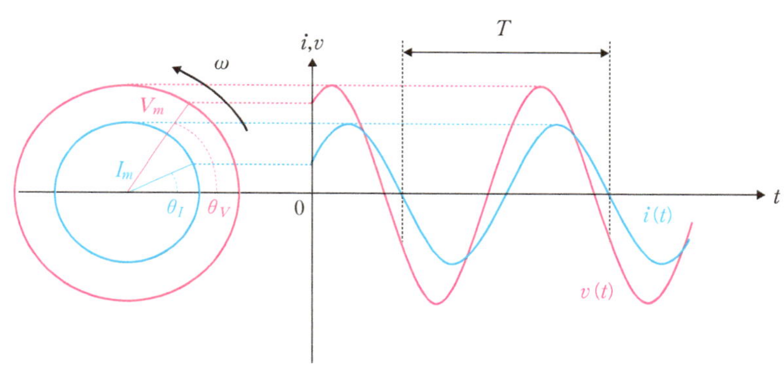

$i(t)$ [A]：電流の瞬時値、I_m [A]：電流の最大値、θ_I [rad] または [°(度)]：電流の位相角
$v(t)$ [V]：電流の瞬時値、V_m [V]：電圧の最大値、θ_V [rad] または [°(度)]：電圧の位相角
ω [rad/s]：角周波数、T [s]：周期、t [s]：時間

図 3.7　正弦波交流のパラメータ

振幅（amplitude）I_m、V_m はピーク値であり、正弦波の場合はピーク値 = **最大値**（maximum value）である。ω と T は、$\omega T = 2\pi$ の関係があり、また、周期と周波数の関係 $f = 1/T$ より $\omega = 2\pi f$ となる。θ_I、θ_V は、任意の時間原点における電流・電圧の瞬時値の周期波形上の位置、および、正弦波形間のずれを表している。ある波形に対し、反時計方向にある正弦波は位相が進んでいる、時計方向にある正弦波は位相が遅れている、という。式 (3.23) および (3.24) から、正弦波交流の平均値は

$$I_a = \frac{2}{\pi} I_m\ [\mathrm{A}]、\quad V_a = \frac{2}{\pi} V_m\ [\mathrm{V}]$$

となり、実効値は

$$I = \frac{I_m}{\sqrt{2}}\ [\mathrm{A}]、\quad V = \frac{V_m}{\sqrt{2}}\ [\mathrm{V}]$$

となる。例えば、家庭用電源である交流 100 V は実効値を示しており、ピーク

値はおよそ 141 V である。また、実効値の式から瞬時値の式を

$$i(t) = \sqrt{2}I\sin(\omega t + \theta_I)\,[\mathrm{A}], \quad v(t) = \sqrt{2}V\sin(\omega t + \theta_V)\,[\mathrm{V}] \tag{3.28}$$

とも表せる。正弦波交流の波形率 FF は

$$\mathrm{FF} = \frac{I}{I_a} = \frac{V}{V_a} = \frac{\pi}{2\sqrt{2}} \approx 1.11 \tag{3.29}$$

波高率 CF は

$$\mathrm{CF} = \frac{I_m}{I} = \frac{V_m}{V} = \sqrt{2} \tag{3.30}$$

となる。

3.4.3 フェーザ表示と複素数表示

正弦波交流は、電流・電圧ともに瞬時値の式 (3.27) のような正弦関数で表されるが、瞬時値の式で交流回路の計算を行うのは大変である。ここで、図 3.7 に示したような 2 つの正弦波交流信号を見ると、周波数が同じであれば時間軸方向の相対的な位置関係は常に変わらないため、ある時点の状態で考えても差し支えない。ωt による周期的な変化が共通であれば、それぞれの信号の特徴を示すのはピーク値 I_m、V_m（= 大きさ）と位相 θ_I、θ_V（= 方向）であり、それらで正弦波交流信号を表すことができる。そこで、交流を次のように表す。

$$\dot{I} = I_m \cdot e^{j\theta_I} = I_m \angle \theta_I\,[\mathrm{A}], \quad \dot{V} = V_m \cdot e^{j\theta_V} = V_m \angle \theta_V\,[\mathrm{V}] \tag{3.31}$$

この式で、I_m、V_m はピーク値だが実効値を扱う方が便利なので、それぞれ $\sqrt{2}$ で除して

$$\dot{I} = \frac{I_m}{\sqrt{2}}\angle\theta_I = I\angle\theta_I\,[\mathrm{A}], \quad \dot{V} = \frac{V_m}{\sqrt{2}}\angle\theta_V = V\angle\theta_V\,[\mathrm{V}] \tag{3.32}$$

とする。これを**フェーザ表示**（phasor diagram、phasor は phase と vector の合成語）という。このとき、角度は [rad] ではなく [°] で表し、$-180° \leq \theta_x < 180°$（$\theta_x$ は電流もしくは電圧の位相角）である。これにより、図 3.8(a) のように、周期的な振動を静止ベクトルとして扱うことができる。この図を**フェーザ図**という。

また、フェーザ表示を**複素平面**（complex plane）で表すと、図 3.8(b) のよ

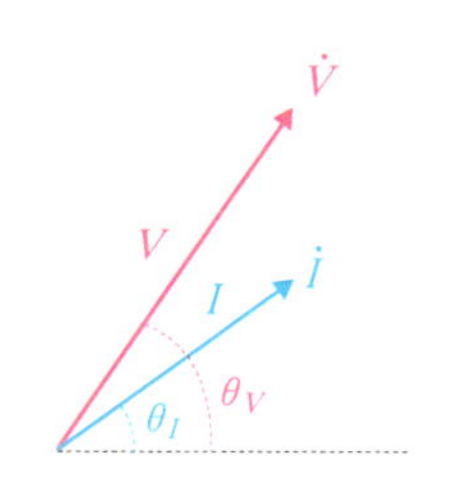

$\dot{I}=I\angle\theta_I$ [A], $\dot{V}=I\angle\theta_V$ [V]
のフェーザ図

矢印の長さは実効値の大きさ
角度は位相を表す

(a) フェーザ図

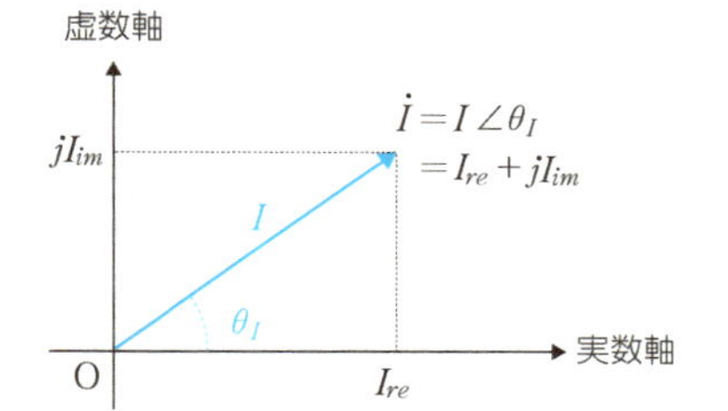

$\dot{I}=I\angle\theta_I=I\cos\theta_I+jI\sin\theta_I=I_{re}+jI_{im}$
また、
$\dot{I}=I_{re}+jI_{im}=\sqrt{{I_{re}}^2+{I_{im}}^2}\angle\tan^{-1}\frac{I_{im}}{I_{re}}=I\angle\theta_I$

(b) フェーザ表示と複素数表示

図 3.8 フェーザ表示と複素数表示

うに複素数に対応付けられる。複素平面は**ガウス平面**（Gaussian plane）ともいい、横軸を複素数の実数部、縦軸を虚数部として複素数を直交座標系で表したものである。これに対しフェーザ表示は、偏角と動径による極座標系でのベクトル表示となる。したがって、複素数の実数成分を I_{re}、虚数成分を I_{im} とすると

$$\dot{I}=I\angle\theta_I\,[\mathrm{A}]=I\cos\theta_I+jI\sin\theta_I=I_{re}+jI_{im}\,[\mathrm{A}] \tag{3.33}$$

となる。なお、電気回路では、電流の変数 i と区別するために虚数単位を $j=\sqrt{-1}$ として、$\dot{I}=I_r+jI_i$ のように虚数成分の前に置く。また、フェーザ表示や複素数表示は、それと分かるように、$\dot{I}$ のようにドット（・）をつけて表す。図の関係から、複素数表示からフェーザ表示への変換は

$$\dot{I}=I_{re}+jI_{im}=\sqrt{I_{re}^2+I_{im}^2}\angle\tan^{-1}\frac{I_{im}}{I_{re}}=I\angle\theta_I\,[\mathrm{A}] \tag{3.34}$$

となる。フェーザ表示を用いた計算は、複素平面上の座標、つまり、複素数に変換して計算する。また、複素平面における実数軸と虚数軸の関係から、

$$j=1\angle 90^\circ,\quad -j=1\angle-90^\circ \tag{3.35}$$

であり、j もしくは $-j$ はフェーザ表示における $+90^\circ$ もしくは -90° の回転を表す。

以上のような三角関数、フェーザ表示、複素数表示は、オイラーの公式 $e^{jx} = \cos(x) + j\sin(x)$ から関係付けられる。

例題 3.2

次の問いに答えなさい。ただし、$\sqrt{2} = 1.414$ とする。

(1) 次の瞬時値の式をフェーザ表示および複素数表示で表しなさい。

$$v = 28.28\sin\left(62.84t + \frac{\pi}{4}\right)\ [\mathrm{V}]$$

(2) 次の複素数表示の電流をフェーザ表示と瞬時値の式に変換し、フェーザ図を描きなさい。なお瞬時値の式の角周波数は ω としてよい。

$$\dot{I} = 6 + j8\ [\mathrm{A}]$$

解答

(1) 与式より、ピーク値 $V_m = 28.28\ [\mathrm{V}]$、位相角 45° なので、フェーザ表示は

$$\dot{V} = \frac{V_m}{\sqrt{2}}\angle 45^\circ = 20\angle 45^\circ\ [\mathrm{V}]$$

と表される。また、複素数表示は、フェーザ表示の式の値より、

$$\dot{V} = 20\cos 45^\circ + j20\sin 45^\circ = 14.14 + j14.14\ [\mathrm{V}]$$

と表される。

(2) 与式より、フェーザ表示は

$$\dot{I} = \sqrt{6^2 + 8^2}\angle\tan^{-1}\frac{8}{6} = 10\angle 53.13^\circ\ [\mathrm{A}]$$

と表される。また、フェーザ表示の式の値より、瞬時値の式は

$$i = 10\sqrt{2}\sin(\omega t + 53.13^\circ) = 14.14\sin(\omega t + 53.13^\circ)\ [\mathrm{A}]$$

と表される。

フェーザ表示の式よりフェーザ図は次のようになる。

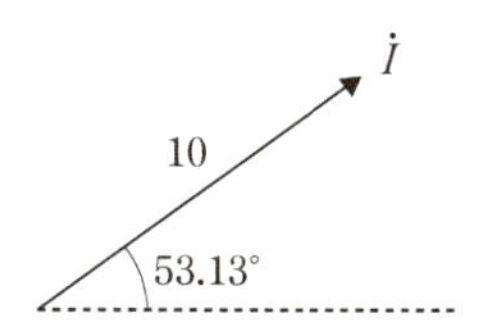

3.4.4 抵抗、インダクタンス、キャパシタンス

3.1.3 節において、受動回路要素の基本的な性質を述べたが、交流回路では、回路要素が直流回路とは異なる性質を示す。ここでは交流における回路要素（図 3.9）の性質を確認し、電圧・電流のフェーザ表示の基本関係式を見ていく。

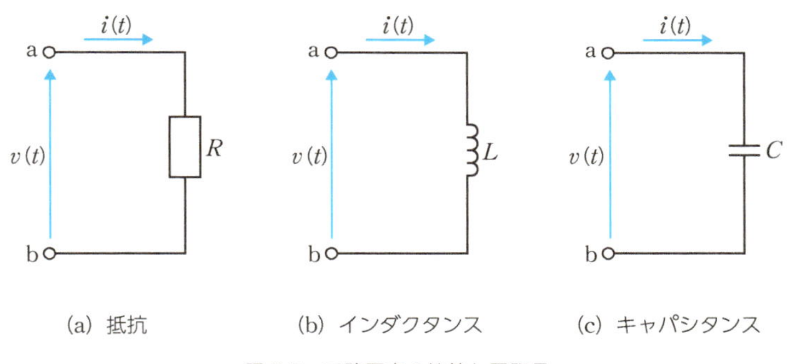

図 3.9　回路要素の接続と図記号

(1) 抵抗

図 3.9(a) の回路において、$R, i(t), v(t)$ の関係はオームの法則および各瞬時値の式より

$$\begin{cases} v(t) = R \cdot i(t) \, [\mathrm{V}] \\ v(t) = V_m \sin(\omega t + \theta_V) \, [\mathrm{V}] \\ i(t) = I_m \sin(\omega t + \theta_I) \, [\mathrm{A}] \end{cases} \tag{3.36}$$

となるので、これより

$$v(t) = Ri = RI_m \sin(\omega t + \theta_I) = V_m \sin(\omega t + \theta_V) \, [\mathrm{V}] \tag{3.37}$$

とまとめられる。式の対応関係から電圧・電流のピーク値と位相の関係は

$V_m = RI_m$、$\theta_V = \theta_I$ であり、電圧・電流の実効値を V、I としてフェーザ表示で表すと

$$\dot{V} = V\angle\theta_V = RI\angle\theta_I \,[\mathrm{V}] \tag{3.38}$$

となり、基本関係式は、

$$\dot{V} = R\dot{I}\,[\mathrm{V}]\text{、または、}\quad \dot{I} = \frac{\dot{V}}{R}\,[\mathrm{A}] \tag{3.39}$$

と表すことができる。交流回路では、抵抗において電流電圧の位相のずれは生じない。

(2) インダクタンス

図 3.9(b) の回路において、L, $i(t)$, $v(t)$ の関係は、インダクタンスの式および各瞬時値の式より、

$$\begin{cases} v(t) = L\dfrac{di(t)}{dt}\,[\mathrm{V}] \\ v(t) = V_m \sin(\omega t + \theta_V)\,[\mathrm{V}] \\ i(t) = I_m \sin(\omega t + \theta_I)\,[\mathrm{A}] \end{cases} \tag{3.40}$$

となるので、これより

$$\begin{aligned} v &= L\frac{di}{dt} = L\frac{d}{dt}\{I_m \sin(\omega t + \theta_I)\} = L\omega I_m \cos(\omega t + \theta_I) \\ &= L\omega I_m \sin\left(\omega t + \theta_I + \frac{\pi}{2}\right) = V_m \sin(\omega t + \theta_V)\,[\mathrm{V}] \end{aligned} \tag{3.41}$$

とまとめられる。式の対応関係から電圧・電流のピーク値と位相の関係は $V_m = \omega L I_m\,[\mathrm{V}]$、$\theta_V = \theta_I + 90°$ であり、電圧・電流の実効値を V、I としてフェーザ表示で表すと

$$\dot{V} = V\angle\theta_V = \omega LI\angle(\theta_I + 90°) = j\omega LI\angle\theta_I = j\omega L\dot{I}\,[\mathrm{V}] \tag{3.42}$$

となり、基本関係式は、

$$\dot{V} = j\omega L\dot{I}\,[\mathrm{V}]\text{、または、}\quad \dot{I} = \frac{\dot{V}}{j\omega L} = -j\frac{\dot{V}}{\omega L}\,[\mathrm{A}] \tag{3.43}$$

と表すことができる。交流回路ではコイルに交流電流が流れるため、自己誘導

の影響により電圧の位相が電流より 90° 進む。

(3) キャパシタンス

図 3.9(c) の回路において、C, $i(t)$, $v(t)$ の関係は、キャパシタンスの式および各瞬時値の式より

$$\begin{cases} v(t) = V_m \sin(\omega t + \theta_V)\,[\mathrm{V}] \\ i(t) = C\dfrac{dv(t)}{dt}\,[\mathrm{A}] \\ i(t) = I_m \sin(\omega t + \theta_I)\,[\mathrm{A}] \end{cases} \tag{3.44}$$

となるので、これより

$$\begin{aligned} i(t) &= C\frac{dv}{dt} = C\frac{d}{dt}\{V_m \sin(\omega t + \theta_V)\} = C\omega V_m \cos(\omega t + \theta_V) \\ &= \omega C V_m \sin\left(\omega t + \theta_V + \frac{\pi}{2}\right) = I_m \sin(\omega t + \theta_I)\,[\mathrm{A}] \end{aligned} \tag{3.45}$$

とまとめられる。式の対応関係から電圧・電流のピーク値と位相の関係は $I_m = \omega C V_m$、$\theta_I = \theta_V + 90°$ であり、電圧・電流の実効値を V、I としてフェーザ表示で表すと

$$\dot{I} = I\angle\theta_I = \omega CV\angle(\theta_V + 90°) = j\omega CV\angle\theta_V = j\omega C\dot{V}\,[\mathrm{A}] \tag{3.46}$$

であり、基本関係式は、

$$\dot{I} = j\omega C\dot{V}\,[\mathrm{A}]\text{、または、}\ \dot{V} = \frac{\dot{I}}{j\omega C} = \frac{j\dot{I}}{j^2\omega C} = -j\frac{\dot{I}}{\omega C}\,[\mathrm{V}] \tag{3.47}$$

と表すことができる。交流回路ではコンデンサに交流電流が流れるため、充放電の影響により電流の位相が電圧より 90° 進む。

3.4.5 インピーダンス、アドミタンス、交流電源

図 3.10 のような、抵抗 R とインダクタンス L、あるいは、抵抗 R とキャパシタンス C の直列接続回路を考える。このとき端子 a-b 間の電圧は、式 (3.38)、(3.42)、(3.46) より、それぞれ

$$RL\text{ 直列回路}\quad \dot{V} = R\dot{I} + j\omega L\dot{I} = (R + j\omega L)\dot{I}\,[\mathrm{V}] \tag{3.48}$$

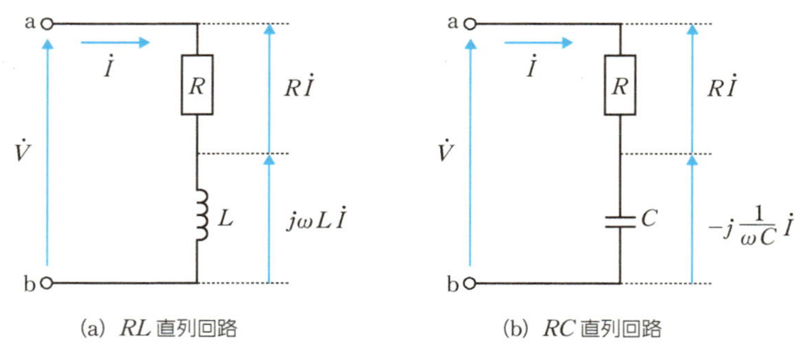

(a) RL 直列回路　　(b) RC 直列回路

図 3.10　回路要素の直列接続

$$RC\text{ 直列回路}\quad \dot{V} = R\dot{I} - j\frac{\dot{I}}{\omega C} = \left(R - j\frac{1}{\omega C}\right)\dot{I}\,[\mathrm{V}] \tag{3.49}$$

である。これより、回路全体の電圧 $\dot{V}$ と電流 $\dot{I}$ は、角周波数 ω と回路を構成する要素 R、L、C で決まる。この関係を $\dot{V} = \dot{Z}\dot{I}$ とすると、上式より、

$$RL\text{ 直列回路}\quad \dot{Z} = R + j\omega L\,[\Omega] \tag{3.50}$$

$$RC\text{ 直列回路}\quad \dot{Z} = R - j\frac{1}{\omega C}\,[\Omega] \tag{3.51}$$

となる。この $\dot{Z}$ を**インピーダンス**(impedance)といい、単位はΩ(オーム)である。交流回路では、コイル(インダクタ)やコンデンサ(キャパシタ)が交流電流を妨げる働きがあり、**抵抗**(resistance) $R\,[\Omega]$ に対してこれを**リアクタンス**(reactance)といい $X\,[\Omega]$ で表す。インダクタにより生じるリアクタンス ωL を**誘導性リアクタンス**(inductive reactance)といい、インダクタの自己誘導により、電流より 90° 位相の進んだ電圧を生じる。キャパシタにより生じるリアクタンス $1/\omega C$ を**容量性リアクタンス**(capacitive reactance)といい、キャパシタの充放電により電流より 90° 位相の遅れた電圧を生じる。直流回路の抵抗と同じように、インピーダンスが直列に接続されている場合、合成インピーダンスは各インピーダンスの和になる。

図 3.11 のような、抵抗 R とインダクタンス L、あるいは、抵抗 R とキャパシタンス C の並列接続回路を考える。このとき端子 a-b 間の電圧は、式 (3.38)、(3.42)、(3.46) より、それぞれ

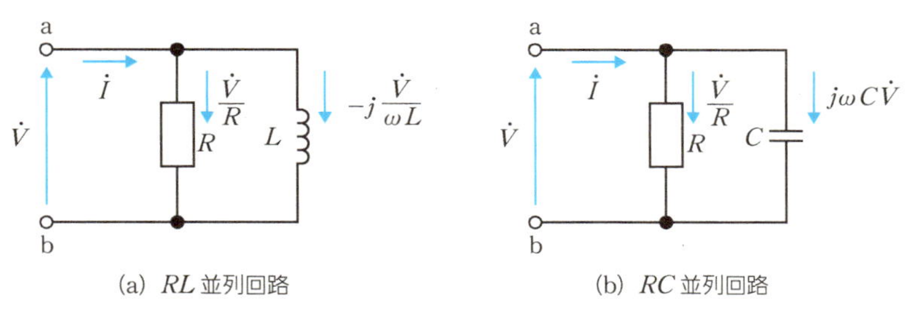

図 3.11　回路要素の並列接続

$$RL\ 並列回路\quad \dot{I} = \frac{\dot{V}}{R} - j\frac{\dot{V}}{\omega L} = \left(\frac{1}{R} - j\frac{1}{\omega L}\right)\dot{V}\ [\mathrm{A}] \tag{3.52}$$

$$RC\ 並列回路\quad \dot{I} = \frac{\dot{V}}{R} + j\omega C\dot{V} = \left(\frac{1}{R} + j\omega C\right)\dot{V}\ [\mathrm{A}] \tag{3.53}$$

である。これより、回路全体の電圧 $\dot{V}$ と電流 $\dot{I}$ は、角周波数 ω と回路を構成する要素 R、L、C で決まる。この関係を $\dot{I} = \dot{Y}\dot{V}$ とすると、上式より、

$$RL\ 並列回路\quad \dot{Y} = \frac{1}{R} - j\frac{1}{\omega L}\ [\mathrm{S}] \tag{3.54}$$

$$RC\ 並列回路\quad \dot{Y} = \frac{1}{R} + j\omega C\ [\mathrm{S}] \tag{3.55}$$

となる。この $\dot{Y}$ を**アドミタンス**（admittance）といい、単位は S（ジーメンス）である。アドミタンスはインピーダンスの逆数であり、電流の流れやすさを表す。交流回路では、インダクタやキャパシタにより生じる電流の流れやすさを、抵抗 $R\,[\Omega]$ の逆数であるコンダクタンス $G\,[\mathrm{S}]$ に対して、**サセプタンス**（susceptance）といい $B\,[\mathrm{S}]$ で表す。インダクタにより生じるサセプタンス $1/\omega L$ を**誘導性サセプタンス**（inductive susceptance）といい、インダクタの自己誘導により、電圧より 90° 位相の進んだ電流を生じる。キャパシタにより生じるサセプタンス ωC を**容量性サセプタンス**（capacitive susceptance）といい、キャパシタの充放電により電圧より 90° 位相の遅れた電流を生じる。直流回路のコンダクタンスと同じように、アドミタンスが並列に接続されている場合、合成アドミタンスは各アドミタンスの和になる。

インピーダンス、アドミタンスの複素数表示を極座標に対応づけた表現を極表示という。

$$\dot{Z} = R + jX = \sqrt{R^2 + X^2} \angle \tan^{-1} \frac{X}{R} = Z \angle \theta_Z \ [\Omega]$$

$$\dot{Y} = G + jB = \sqrt{G^2 + B^2} \angle \tan^{-1} \frac{B}{G} = Y \angle \theta_Y \ [\Omega]$$

ただし、Z はインピーダンスの大きさ、θ_Z はインピーダンス角、Y はアドミタンスの大きさ、θ_Y はアドミタンス角である。

インピーダンス、アドミタンスは回路に固有の値であり、次の関係がある。電流・電圧と異なり時間的に変化しない。

$$\dot{Z} = \frac{\dot{V}}{\dot{I}} = \frac{1}{\dot{Y}} \ [\Omega]、\quad \dot{Y} = \frac{\dot{I}}{\dot{V}} = \frac{1}{\dot{Z}} \ [\mathrm{S}]$$

抵抗 R、インダクタンス L、キャパシタンス C の受動要素のみで構成される交流回路は、インピーダンス、または、アドミタンスを用いて図 3.12 のように等価的に表すことができる。

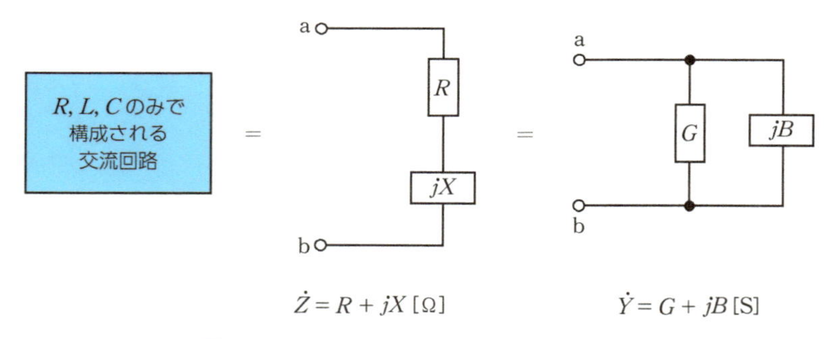

図 3.12　R、L、C のみで構成される交流回路

直流回路における直流電源と同様に、交流回路においても交流電源にも抵抗のような作用が生じる。これを**内部インピーダンス**といい、電源等価回路を図 3.13(b) のように表す。

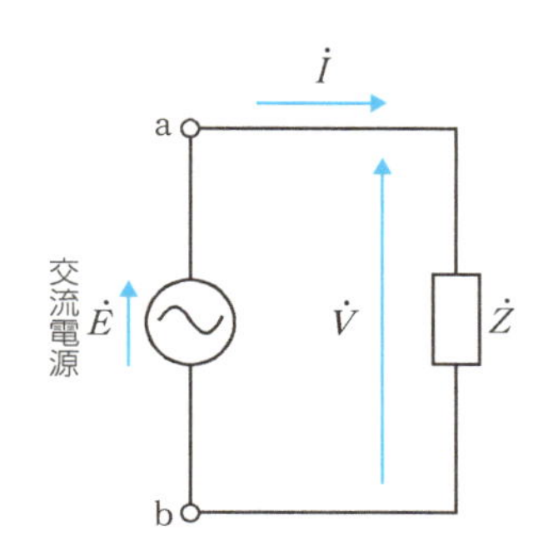

(a) 交流電源とインピーダンスの接続

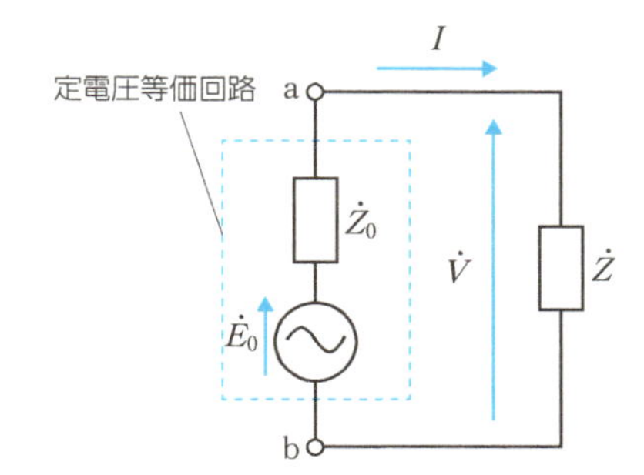

(b) 定電圧等価回路

図 3.13　交流の定電圧等価回路

例題 3.3

次の図の端子 a-b 間の合成インピーダンスの複素数表示を求めなさい。ただし、$f = 16\,\mathrm{Hz}$ とする。

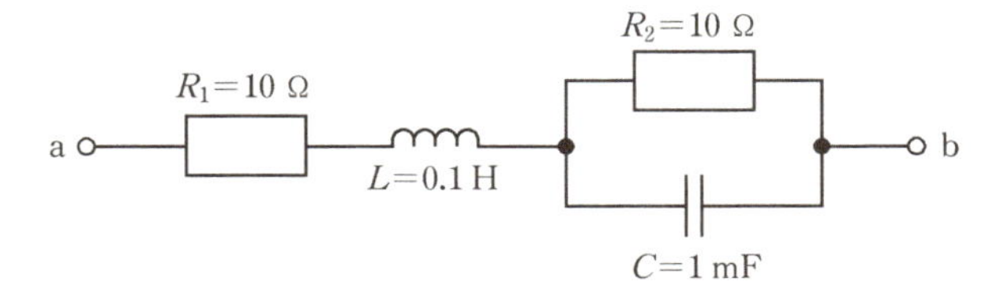

解答

R_1L 直列部のインピーダンスを $\dot{Z}_1$ とすると

$$\dot{Z}_1 = R_1 + j\omega L = R_1 + j(2\pi f)L = 10 + j2\pi \times 16 \times 0.1 \approx 10 + j10\,\Omega$$

また、R_2C 並列部のアドミタンスを $\dot{Y}_2$ とすると

$$\dot{Y}_2 = \frac{1}{R_2} + j\omega C = \frac{1}{R_2} + j(2\pi f)C = \frac{1}{10} + j2 \times \pi \times 16 \times 1 \times 10^{-3} \approx 0.1 + j0.1\,\mathrm{S}$$

であるので、そのインピーダンスを $\dot{Z}_2$ とすると

$$\dot{Z}_2 = \frac{1}{\dot{Y}_2} = \frac{1}{0.1 + j0.1} = \frac{(0.1 - j0.1)}{(0.1 + j0.1)(0.1 - j0.1)} = 5 - j5\,\Omega$$

となる。したがって、合成インピーダンス $\dot{Z}$ は

$$\begin{aligned}\dot{Z} &= \dot{Z}_1 + \dot{Z}_2 = (10 + j10) + (5 - j5) = 15 + j5\,\Omega \quad \text{（複素数表示）} \\ &= \sqrt{15^2 + 5^2}\angle \tan^{-1}\frac{5}{15} = 15.8\angle 18.4\,\Omega \quad \text{（極表示）}\end{aligned}$$

と求められる。

3.4.6 周波数特性と共振現象

式 (3.49) と (3.50)、式 (3.53) と (3.54) のように、コイルやコンデンサを含む交流回路のインピーダンス、あるいは、アドミタンスは角周波数 ω を含んでいる。つまり、$\omega = 2\pi f$ より周波数 f が変化するとインピーダンス、あるいは、アドミタンスも変化する。このような周波数による回路特性の変化を**周波数特性**（frequency response）という。コイルとコンデンサの周波数特性は反対の性質を示し、コイルでは、インダクタンスによる誘導性リアクタンスは周波数に比例し、誘導性サセプタンスは周波数に反比例する。一方、コンデンサでは、キャパシタンスによる容量性リアクタンスは周波数に反比例し、容量性サセプタンスは周波数に比例する。つまり、周波数が高くなると、コイルではインピーダンスは大きくなり、キャパシタンスでは小さくなる。

この周波数特性を利用して共振回路を作ることができる。共振回路には、**直列共振回路**（series resonant circuit）と**並列共振回路**（parallel resonant circuit）があり、直列共振回路では、特定の周波数でインピーダンスが最小、つまり、その周波数のときに電流が最大となる。一方、並列共振回路では、特定の周波数でインピーダンスが最大、つまり、その周波数のときに電流が最小となる。ここでは直列共振について述べる。

いま、図 3.14 のような RLC 直列回路において、端子 a-b 間のインピーダンスは

$$\dot{Z} = R_0 + j\omega L - j\frac{1}{\omega C} = R_0 + j\left(\omega L - \frac{1}{\omega C}\right) = R + jX$$

と表せる。この式は虚数部に ω [rad/s] を含んでいるので、周波数によってリアクタンス X [Ω] の特性が変化する。ここで、$X = 0\,\Omega$ となるような角周波数 ω_0 [rad/s] を考えると、

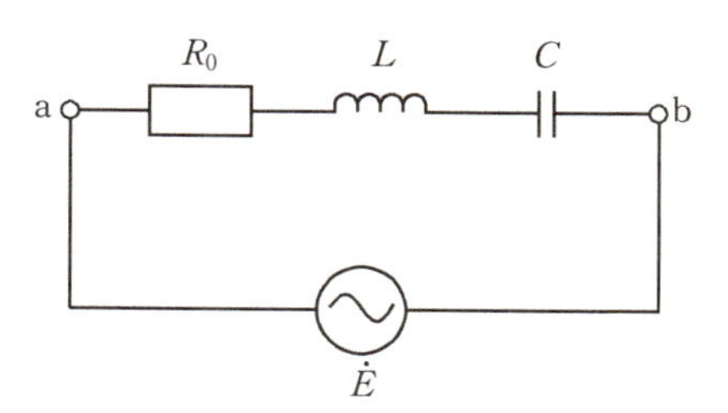

図 3.14　*RLC* 直列回路

$$\omega_0 L = \frac{1}{\omega_0 C}、すなわち、\omega_0 = \frac{1}{\sqrt{LC}}$$

となる。このときの周波数を f_0 [Hz] とすると、$\omega_0 = 2\pi f_0$ [rad/s] より

$$f_0 = \frac{\omega_0}{2\pi} = \frac{1}{2\pi\sqrt{LC}}$$

であり、リアクタンス成分 $X = 0\,\Omega$ となり、インピーダンス $\dot{Z}$ [Ω] が最小（R_0 [Ω] のみ）となる状態を**直列共振**（series resonance）、あるいは単に**共振**という。また、ω_0 [rad/s] を**共振角周波数**（resonant angular frequency）、f_0 [Hz] を**共振周波数**（resonant frequency）という。図 3.15 に周波数によるインピーダンスの変化を示す。

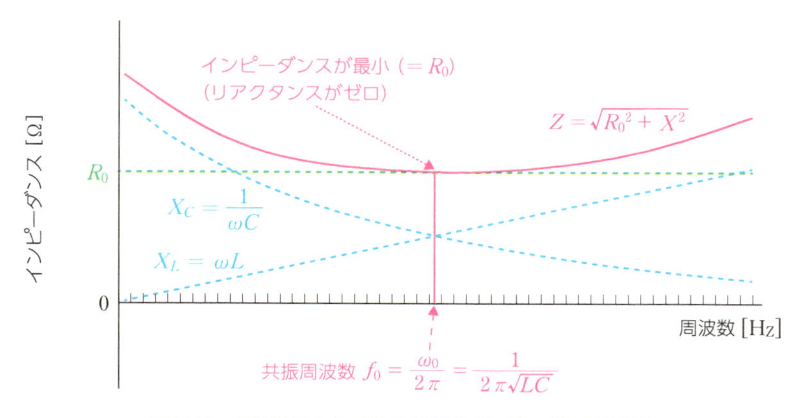

図 3.15　周波数による *RLC* 回路のインピーダンスの変化

このように、直列共振では、ある周波数で L [H] と C [F] のインピーダンスが相互に打ち消しあって、端子 a-b 間のインピーダンスは R_0 [Ω] のみに見える。

このとき、キャパシタンスに電界として蓄えられたエネルギと、インダクタンスで磁界として蓄えられたエネルギが相互にやりとりされているため、外部のエネルギは消費されない。また、特定の周波数でインピーダンスが最小ということは、その周波数で電流が最大となることを意味する。この性質を使って特定の周波数の電気信号のみを捉えることができ、フィルタ回路やトラップ回路などに使うことができる。例えば、図 3.16 において、直列共振回路の共振周波数が f_2 の場合、周波数 f_2 の信号のみ共振回路のインピーダンスが小さいため共振回路を流れ、それ以外の信号は共振回路のインピーダンスが高いため負荷へ流れる。

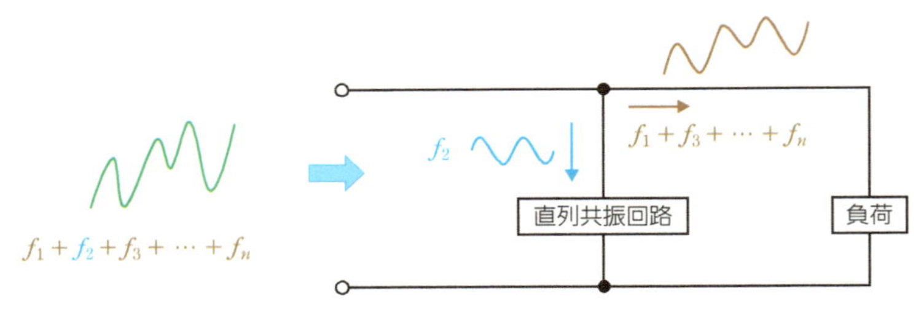

図 3.16　共振回路を用いた特定周波数信号のフィルタリング

図 3.17 のように横軸に ω [rad/s]、縦軸に電流の大きさ I [A] をとったものを**共振曲線**という。共振曲線の鋭さは、電流の大きさの最大値 I_0 [A] の $1/\sqrt{2}$ となる周波数の幅 Δf（半値幅）と共振周波数 f_0 との比

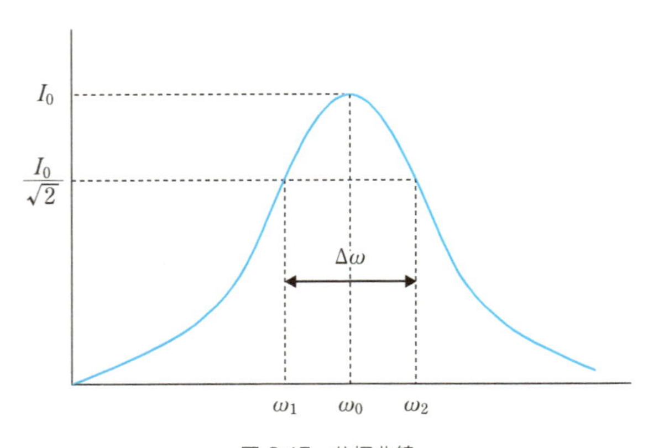

図 3.17　共振曲線

$$\frac{\Delta\omega}{\omega_0} = \frac{2\pi\Delta f}{2\pi f_0} = \frac{\Delta f}{f_0}$$

で表される。これを比帯域幅といい、小さいほど共振曲線が鋭い、すなわち、共振時のインピーダンスが小さくなる周波数の幅が狭い。

ここで、回路要素の損失を図 3.18 の等価回路で表したとき、Q_L、Q_C は、それぞれ、インダクタンスの質のよさ、キャパシタンスの質のよさを表し、この値が大きいと損失が少なく質が良い。

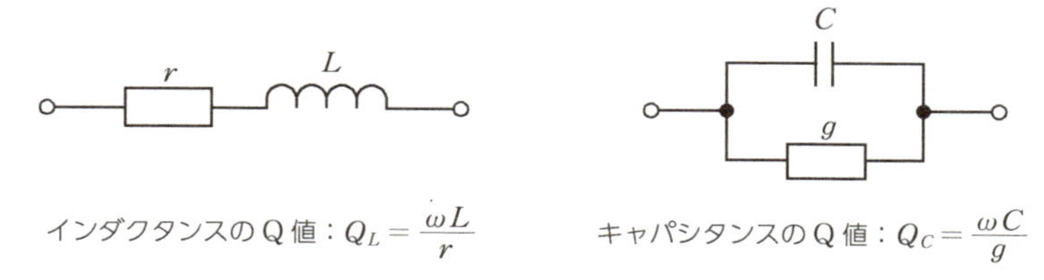

インダクタンスの Q 値：$Q_L = \dfrac{\omega L}{r}$　　キャパシタンスの Q 値：$Q_C = \dfrac{\omega C}{g}$

図 3.18　インダクタンスとキャパシタンスの Q 値

キャパシタンスでは一般に損失が小さいため g [S] を無視できるが、インダクタンスでは r [Ω] が大きいため無視できない。そこで、RLC 直列回路では、共振角周波数 ω_0 [rad/s] での Q_L 値 Q_0 は

$$Q_0 = \frac{\omega_0 L}{R_0} = \frac{1}{\sqrt{LC}} \cdot \frac{L}{R_0} = \frac{1}{R_0}\sqrt{\frac{L}{C}} = \frac{\sqrt{LC}}{R_0 C} = \frac{1}{R_0 \omega_0 C}$$

となる。この Q_0 は共振回路の **Q 値**（Q factor）と呼ばれる。Q_0 値と $\Delta\omega/\omega_0$ との関係は、

$$Q_0 = \frac{\omega_0}{\Delta\omega} = \frac{f_0}{\Delta f}$$

であり、半値幅 $\Delta\omega$、Δf は Q_0 に反比例し、Q_0 が大きい（つまり、半値幅 $\Delta\omega$、Δf が小さい）ほど共振が鋭い。

図 3.14 の RLC 直列回路において L [H]、C [F] の端子電圧 $\dot{V}_L$ [V]、$\dot{V}_C$ [V] は、回路に流れる電流を $\dot{I}$ [A] とすると、

$$\dot{V}_L = j\omega L\dot{I} \text{ [V]}$$
$$\dot{V}_C = -j\frac{1}{\omega C}\dot{I} \text{ [V]}$$

であるが、共振状態においては回路のインピーダンスは R_0 [Ω] のみになるため、

その時の電流を $\dot{I}_0$ [A] とすると、

$$\dot{I}_0 = \frac{\dot{E}}{R_0}\,[\mathrm{A}]$$

となる。したがって、共振角周波数が ω_0 [rad/s] であるとき、

$$\dot{V}_L = j\omega_0 L\dot{I}_0 = j\omega_0 L\frac{\dot{E}}{R_0} = j\frac{\omega_0 L}{R_0}\dot{E} = jQ_0\dot{E}\,[\mathrm{V}]$$

$$\dot{V}_C = -j\frac{1}{\omega_0 C}\dot{I}_0 = -j\frac{1}{\omega_0 C}\frac{\dot{E}}{R_0} = -j\frac{1}{R_0\omega_0 C}\dot{E} = -jQ_0\dot{E}\,[\mathrm{V}]$$

であり、共振時の L、C の端子電圧は電源電圧の Q_0 倍になる。

RLC 直列共振回路を用いて、回路の Q 値を求める測定器として Q メータがあり、インピーダンスの計測にも用いられる（第 8 章）。

例題 3.4

(1) 図 3.14 の回路において、$R_0 = 10\,\Omega$、$L = 0.1\,\mathrm{mH}$、$C = 100\,\mathrm{pF}$ のときの Q_0 値と比帯域幅を求めなさい。

(2) この回路に $\dot{E} = 1\angle 0°\,\mathrm{V}$ の電圧を加えたときの電流 $\dot{I}_0$ と L および C の端子電圧 $\dot{V}_L$、$\dot{V}_C$ の値を求めなさい。

解答

(1) 各値より、Q_0 値は

$$Q_0 = \frac{1}{R_0}\cdot\sqrt{\frac{L}{C}} = \frac{1}{10}\cdot\sqrt{\frac{0.1\times10^{-3}}{100\times10^{-12}}} = \frac{1}{10}\cdot\sqrt{\frac{1\times10^{-4}}{1\times10^{-10}}}$$

$$= \frac{1}{10}\cdot\sqrt{\frac{1}{1\times10^{-6}}} = \frac{1}{10}\cdot\frac{1}{1\times10^{-3}} = 0.1\times10^{3} = 100$$

また、比帯域幅は

$$\frac{\Delta f}{f_0} = \frac{1}{Q_0} = \frac{1}{100} = 0.01$$

となる。

(2) 共振時には回路のインピーダンスは R_0 のみなので、回路に流れる電流 $\dot{I}_0$ は

$$\dot{I}_0 = \frac{\dot{E}}{R_0} = \frac{1}{10}\angle 0^\circ = 0.1\angle 0^\circ \text{ A}$$

また、$\dot{V}_L$、$\dot{V}_C$ は、Q_0 値を用いて

$$\dot{V}_L = jQ_0\dot{E} = j100 \times 1\angle 0^\circ = 100\angle 90^\circ \text{ V}$$

$$\dot{V}_C = -jQ_0\dot{E} = -j100 \times 1\angle 0^\circ = 100\angle -90^\circ \text{ V}$$

となる。

3.4.7 テブナンの定理

電気回路における定理に、**テブナンの定理**（Thévenin's theorem、ヘルムホルツ–テブナンの定理、鳳(ほう)–テブナンの定理とも呼ばれる）がある。これは、図 3.19 のように、電気回路網は、複数の回路要素が接続されたどのような複雑な回路も、任意の 2 端子から見て、一つの起電力（電圧源）と一つの内部抵抗（交流回路では内部インピーダンス）とから成る電源に等価的に変換が可能である、とする定理である。

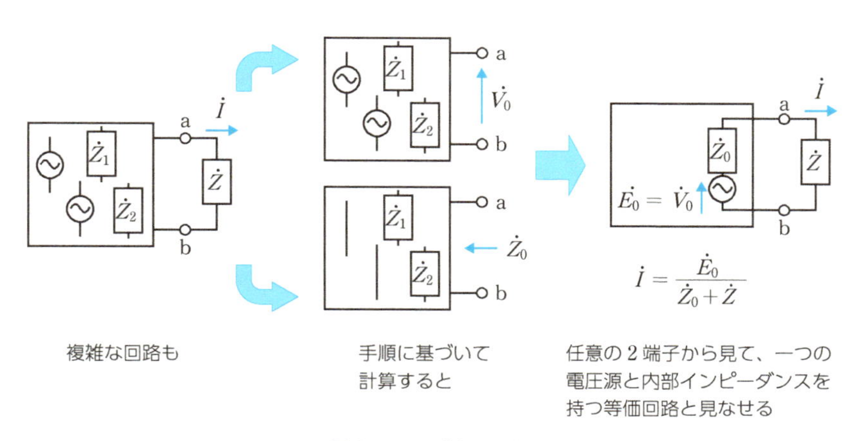

図 3.19　テブナンの定理

下記の例題 3.5 を例として、手順を説明する。定理の証明は別書に譲る。

例題 3.5

テブナンの定理より、下図のインピーダンス $\dot{Z}_3$ を流れる電流 $\dot{I}_3$ を求めなさい。

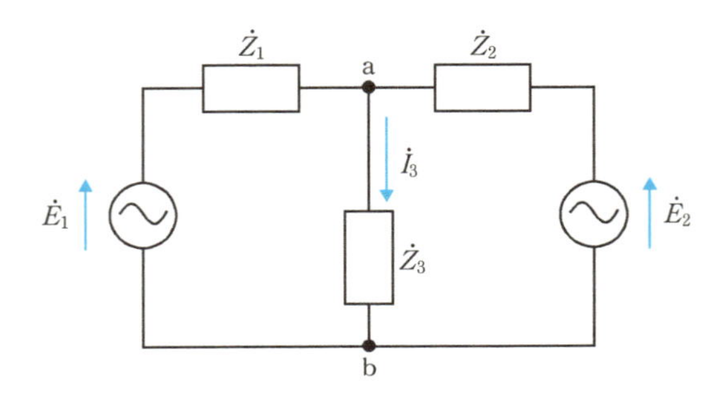

解答

手順 1（開放電圧を求める）　下図のようにインピーダンス $\dot{Z}_3$ を除いて a-b 間を開放したときに、a-b 間に生じる開放電圧 $\dot{V}_0$ を求める。

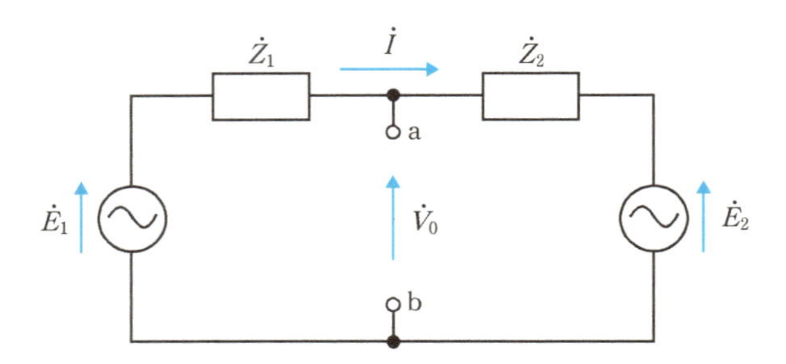

端子 a-b 間の電圧 $\dot{V}_0$ は、電流・電圧の関係から

$$\dot{V}_0 = \dot{E}_1 - \dot{Z}_1\dot{I}$$

$$\dot{E}_1 - \dot{E}_2 = \dot{Z}_1\dot{I} + \dot{Z}_2\dot{I}$$

より、

$$\dot{V}_0 = \dot{E}_1 - \dot{Z}_1\frac{\dot{E}_1 - \dot{E}_2}{\dot{Z}_1 + \dot{Z}_2} = \frac{\dot{Z}_2\dot{E}_1 + \dot{Z}_2\dot{E}_2}{\dot{Z}_1 + \dot{Z}_2}$$

と求まる。

手順 2（インピーダンスを求める） 回路網中の全ての電源の起電力をゼロとして短絡したときに、a-b 間から回路網を見たときのインピーダンス $\dot{Z}_0$ を求める。

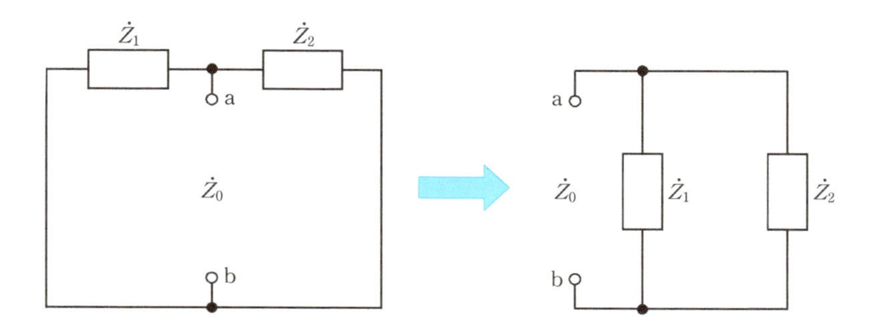

図から、インピーダンス $\dot{Z}_1$ と $\dot{Z}_2$ の並列接続となっているので、合成インピーダンス $\dot{Z}_0$ は

$$\dot{Z}_0 = \frac{1}{\dfrac{1}{\dot{Z}_1} + \dfrac{1}{\dot{Z}_2}} = \frac{\dot{Z}_1 \dot{Z}_2}{\dot{Z}_1 + \dot{Z}_2}$$

と求まる。

手順 3（テブナンの定理による等価電圧源） インピーダンス $\dot{Z}_3$ を流れる電流は、起電力 $\dot{V}_0$ とインピーダンス $\dot{Z}_0$ による下図のような等価電圧源に $\dot{Z}_3$ を接続したときの電流と等しい。

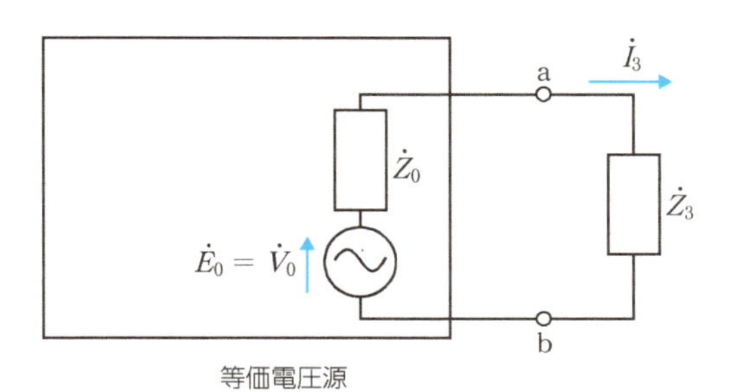

図から、インピーダンス $\dot{Z}_3$ を等価電圧源に接続すると、$\dot{Z}_0$ と $\dot{Z}_3$ の直列接続となるので、電流 $\dot{I}_3$ は

$$\dot{I}_3 = \frac{\dot{V}_0}{\dot{Z}_0 + \dot{Z}_3} = \frac{\dfrac{\dot{Z}_2\dot{E}_1 + \dot{Z}_1\dot{E}_2}{\dot{Z}_1 + \dot{Z}_2}}{\dfrac{\dot{Z}_1\dot{Z}_2}{\dot{Z}_1 + \dot{Z}_2} + \dot{Z}_3} = \frac{\dot{Z}_2\dot{E}_1 + \dot{Z}_1\dot{E}_2}{\dot{Z}_1\dot{Z}_2 + \dot{Z}_2\dot{Z}_3 + \dot{Z}_1\dot{Z}_3}$$

と求めることができる。

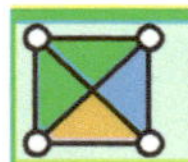

章末問題

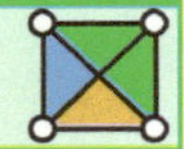

3.1 直流回路と交流回路の特徴についてまとめなさい。

3.2 次の図の回路において $E = 24\,\mathrm{V}$、$I = 7\,\mathrm{A}$、$R_2 = 3\,\Omega$、$R_3 = 5\,\Omega$、b-c 間の電圧 $V_{bc} = 15\,\mathrm{V}$ のとき、R_1、I_1、I_2 を求めなさい。

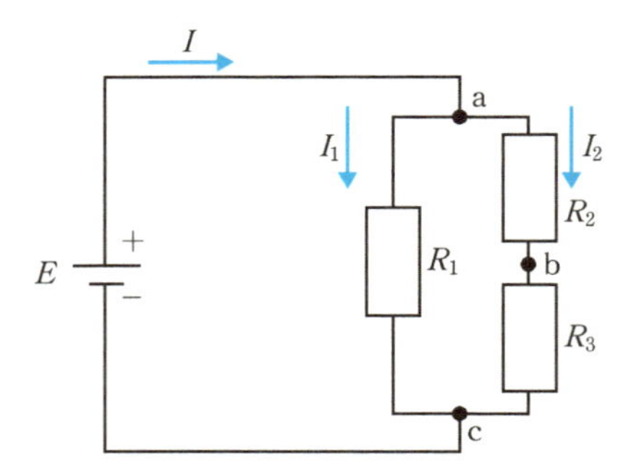

3.3 次の図に示す回路について、端子 a-b 間の合成インピーダンス $\dot{Z}$ を複素数表示で求めなさい。ただし、角周波数 $\omega = 200\,\mathrm{rad/s}$ とする。

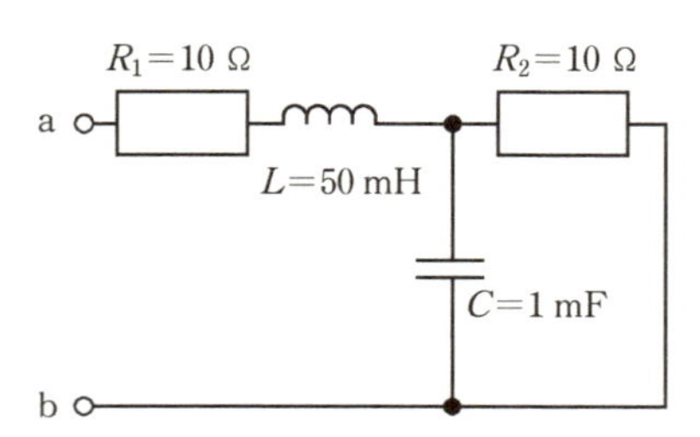

3.4 次の図の回路の端子 a-b 間の合成アドミタンス $\dot{Y}$ を求めなさい。また、回路に電圧 $\dot{V} = 3.5 + j2\,\mathrm{V}$ をかけたときに端子 a-b 間に流れる電流 $\dot{I}$ の複素数表示およびフェーザ表示を求め、$\dot{I}$ と $\dot{V}$ のフェーザ図を描きなさい。ただし、角周波数 $\omega = 100\,\mathrm{rad/s}$ とする。

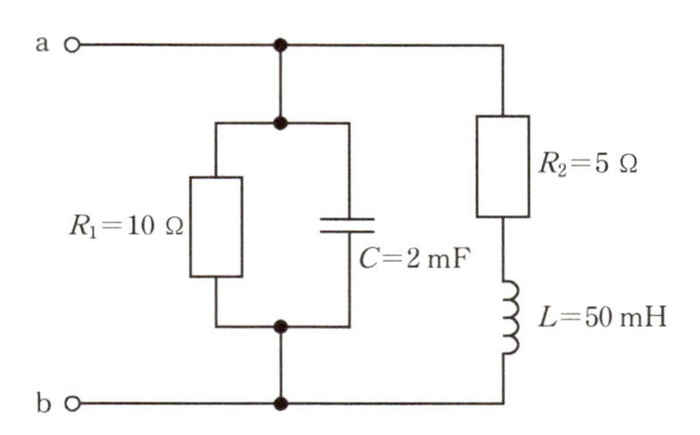

3.5 図 3.14 の RLC 直列回路において、$R_0 = 10\,\Omega$、$L = 5\,\mathrm{mH}$ のとき、角周波数 $\omega_0 = 20 \times 10^3\,\mathrm{rad/s}$ で共振するキャパシタンス C の値を求めなさい。また、この回路の Q_0 値と比帯域幅を求めなさい。

直流電流・電圧の測定は、電気電子関連の計測における基本事項である。直流回路は、交流回路に比べ挙動が分かりやすく、設計や制御が比較的容易であり、我々の身の回りにある電子機器類の多くは、直流で動作するよう作られている。このような電子機器の状態や性能の評価には、直流電流・電圧の測定が必要不可欠であり、適切な測定を行うには測定方法や測定原理を理解する必要がある。また、直流回路計測の基本事項は交流回路の計測にも適用できる。

4.1 表示計器

4.1.1 アナログ表示計器

近年の計測ではディジタル計器を用いたディジタル測定器による計測が主流だが、アナログ計器を用いたアナログ計測はディジタル計測にはない特徴があり、また、電気回路の基本法則等を利用した計測システムの基礎を含んでいることから、その原理を理解することは重要である。

アナログ測定器による計測には次のような特徴がある。

- 測定量を目盛板上の指針の位置で示す。
- 指針の位置を見ることで、全体量（目盛のフルスケール）と測定量との対応が見やすい。
- 指針が連続的に変化するため、直感的に測定量の変化が分かりやすい。
- 指針と目盛の関係を目視で確認するため読み取りの誤差があり、また有効桁数を多く取れない。

アナログ表示計器（analogue display instrument）は、広くはディジタル表示をしない、測定量を連続的に表示する**指示計器**（indicating instrument）であり、一般には測定量を指針の振れ等によって示す計器である。計器の表示部分には、指針と目盛以外に、測定量、設置条件、精度を表す階級などの記号が記されており、測定目的に適した計器を使用する。JIS C 1102 では、直動式指示電気計器に関する規格が定義されている。

指示計器には、表 4.1 のように様々な種類があるが、ここでは直流電流・電圧を測定する**電気計器**（electrical measuring instrument）の例として、一般に広く用いられる**永久磁石可動コイル形計器**（permanent-magnet moving-coil instrument）を例に、その構造と動作原理について述べる。

測定した電気量をアナログ定量的に表示するには、計器の指針を電気量に応

表 4.1　指示計器の主な種類（JIS C 1102 より抜粋）

種類	定義	一般記号
永久磁石可動コイル形計器 permanent-magnet moving-coil instrument	固定永久磁石の磁界と、可動コイル内の電流による磁界との相互作用によって動作する計器。	
可動磁石型計器 moving-magnet instrument	固定コイル内の電流による磁界と可動永久磁石の磁界との相互作用によって動作する計器。	
可動鉄片形計器 moving-iron instrument	軟磁性材の可動辺と固定コイル内の電流による磁界との間に生じる吸引力によって動作する計器。	
電流力計形計器 electrodynamic instrument	可動コイル内の電流による磁界と、一つ以上の固定コイル内の電流による磁界との相互作用によって動作する計器。	空心電流力計形計器 鉄心電流力計形計器
誘導形計器 induction instrument	一つ以上の固定電磁石の交流磁界と、この磁界で可動媒体中に誘電される渦電流との相互作用によって動作する計器。	
静電形計器 electrostatic instrument	固定電極と可動電極との間に生じる静電力の作用で動作する計器。	
熱型計器（熱電形計器） thermal instrument (electrothermal instrument)	導体内の電流の熱効果によって動作する計器。	バイメタル型 非絶縁熱電対 絶縁熱電対

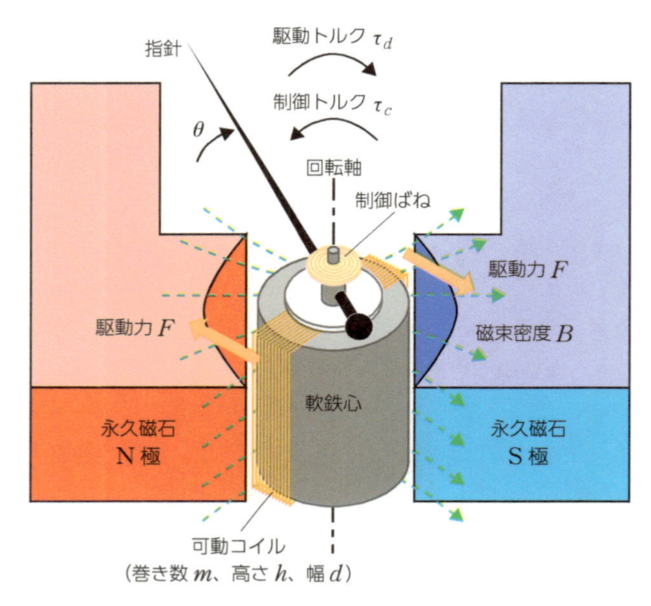

図 4.1　永久磁石可動コイル形計器の基本構造

じた力学量に変換して動かす必要がある。永久磁石可動コイル形計器（以降、可動コイル形計器）は、変換に電磁誘導作用を利用している。図 4.1 に可動コイル形計器の基本構造を示す。計器は、永久磁石と軟鉄の**可動鉄心**（moving core）に巻かれた可動コイルから構成される。永久磁石により発生した一様な磁界中で可動コイルに電流を流すと、フレミングの左手の法則で示される方向に電磁力が作用し、可動コイルは次の駆動力 F を生じる。

$$F = mhBI$$

ただし、I：電流、B：磁束密度、m：コイルの巻き数、h：コイルの高さ

(4.1)

ここで、電流はコイルを巡るので、例えば図 4.1 の N 極側のコイル導線に上向きの電流が流れると、S 極側のコイル導線の電流は下向きに流れるため、コイルの相対する 2 辺では電流の向きが反対になる。したがって、フレミングの左手の法則からそれぞれ F は逆向きに作用するため、軟鉄心の回転軸回りに回転する駆動トルク τ_d を生じる。

$$\tau_d = mhdBI = mSBI$$

ただし、d：コイルの幅、$S = hd$：コイルの面積　(4.2)

一方、制御ばねによる制御トルク τ_s は、ばねの弾性係数を k、指針の回転角度を θ とすると、

$$\tau_c = k\theta \tag{4.3}$$

となる。指針の回転は、τ_c と τ_d とがつり合った位置で静止するので

$$k\theta = mSBI \tag{4.4}$$

より

$$\theta = \frac{mSB}{k} I \tag{4.5}$$

となり、回転角度 θ は電流 I に比例する。これより、回転角度に応じた電流値を目盛として振ることで、電流量を指針の角度で示すことができる。なお、脈流電流を測定した場合は、指針はその平均値を示す。

駆動トルクと制御トルクがつり合う点では指針がすぐに静止せず、振動しながら徐々に静止する。そのため、振動を軽減するための制動トルクが必要となる。制動トルクを発生する制動装置には、空気抵抗を用いた空気制動や、電磁誘導を用いて可動コイルと逆向きのトルクを発生させる電磁制動などが用いられる。

可動コイル形計器は、電流の向きにより駆動トルクが発生するため、交流では動作しない。コイルの巻き数が多いほど駆動力が大きく指針の振れも大きいため高感度で微小電流も測定できるが、コイルの巻き数が多いとコイルの導線の抵抗、すなわち、計器の内部抵抗も大きくなる。

4.1.2 ディジタル表示計器

ディジタル表示計器は、測定量として得られたアナログ信号をディジタル信号に変換してディジタル表示を行う計器であり、次のような特徴がある。

- アナログ測定量をディジタル変換して数値として表示する。
- 離散的な数値表示のため、測定値を読み取りやすく、人的要因等による

読取り誤差が少ない。
- ディジタル変換の分解能により、有効桁数の多い測定結果を得られる。
- 他のディジタル計測器やコンピュータなどへの計測データの受け渡しが可能であり、信号処理が容易で自動計測などに向いている。

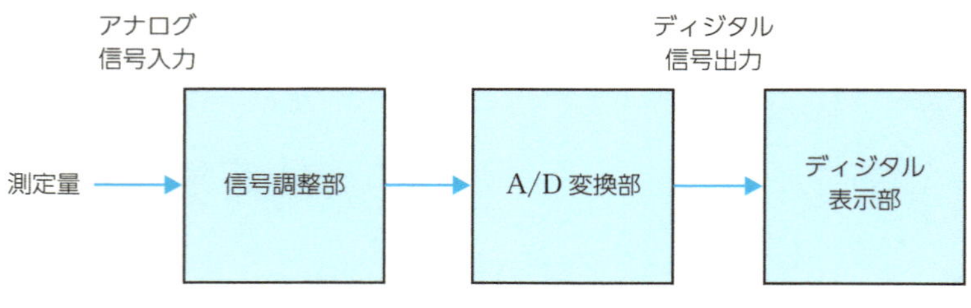

図 4.2　ディジタル表示計器の基本構成

図 4.2 に示すように、ディジタル計器では測定量のアナログ信号入力を調整し、**AD 変換**（analog-to-digital conversion, ADC）によりアナログ信号をディジタル信号に変換して、表示部でディジタル表示する。計器によっては、他の機器に計測データを出力するための、ディジタル出力やアナログ出力の機能を備えている。処理されたディジタル信号を再びアナログ信号へ変換するには、**DA 変換**（digital-to-analog conversion, DAC）を用いる。

AD 変換は、アナログ信号に対して図 4.3 のように、時間軸方向には一定時間間隔毎に測定値を取り込む**標本化**（**サンプリング**、sampling）を、測定量軸方向には取り込んだ測定値を bit データのような離散値として近似する**量子化**（quantization）を行いディジタル化する。DA 変換は、アナログ信号入力を AD 変換し、入力信号と AD 変換出力とが一致したディジタル値を出力する直接比較方式と、零位法の原理を利用した間接比較方式がある。AD/DA 変換における標本化や量子化に関しては、標本化定理の適用や、分解能（bit 数）による精度と量子化誤差への対処などの注意点があり、AD/DA 変換の詳細については第 11 章で述べる。

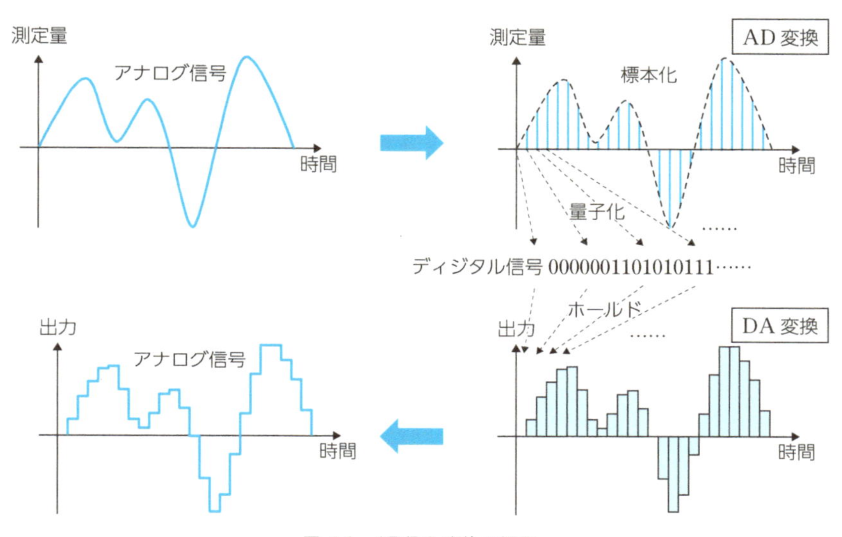

図 4.3　AD/DA 変換の概要

4.2　直流電流・電圧の測定

4.2.1　直流電流の測定

図 4.4(a) の回路の電流を電流計で測定することを考える。回路に流れる電流を測定するためには、測定対象に対して電流計を直列に接続する。このとき、計器の内部抵抗が負荷として作用し、その影響で系統誤差（第 1 章参照）が発生する。これを測定における負荷効果という。

テブナンの定理（第 3 章参照）を用いると、電気回路網は、図 4.4(b) のように任意の 2 端子から見て、一つの起電力 E と一つの内部抵抗 R から成る電源に等価的に置き換えることができる。これより、回路の電流 I は

$$I = \frac{E}{R} \tag{4.6}$$

で求められるが、同じく図 4.4(b) のように電流計を内部抵抗 r と内部抵抗ゼロの理想電流計による直列等価回路として表すと、電流計での実際の測定値 I_r は

$$I_r = \frac{E}{R+r} = \frac{R}{R+r}I \tag{4.7}$$

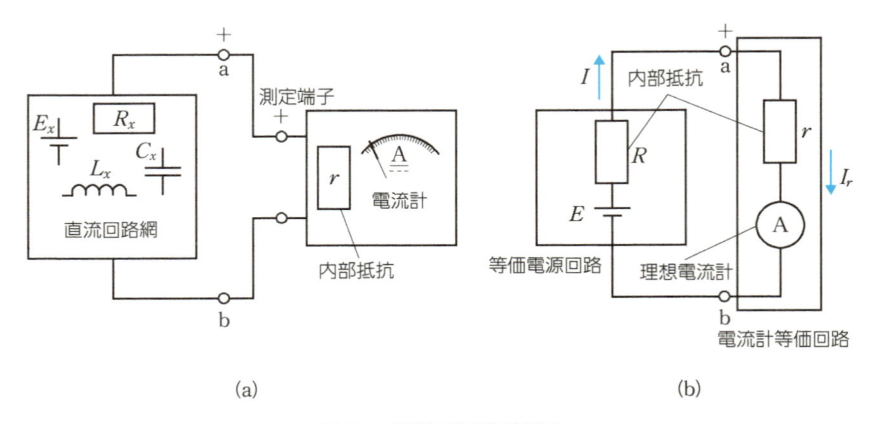

図 4.4　直流回路の電流測定

となり、

$$\frac{\Delta I}{I} = \frac{I_r - I}{I} = \frac{-r}{R + r} \tag{4.8}$$

の系統誤差 $\Delta I/I$ を含む。そのため、正確な I の測定には、計器の内部抵抗 r も測定する必要がある。

電流計で測定可能な電流の大きさには制限があるが、**分流器**（shunt）を用いることで測定範囲を拡大できる。分流器は、計器の測定回路に並列に接続する小さな抵抗値を持つ抵抗器であり、電流計に分流器を接続することで電流の大部分は分流器にバイパスされ、電流計には定格値の電流を流すことができる。

図 4.5 のように、定格値が I_r [A]、内部抵抗が r [Ω] の電流計に対して、並列抵抗（分流器）R_s を接続し、I_r の n 倍までの電流を測定することを考える。図 4.5 より、分流器 R_s には、

$$nI_r - I_r = (n-1)I_r \tag{4.9}$$

の電流が流れる。分流器両端の電圧と電流計両端の電圧は等しいので

$$R_s(n-1)I_r = rI_r \tag{4.10}$$

より R_s は

$$R_s = \frac{r}{n-1} \tag{4.11}$$

と求められる。

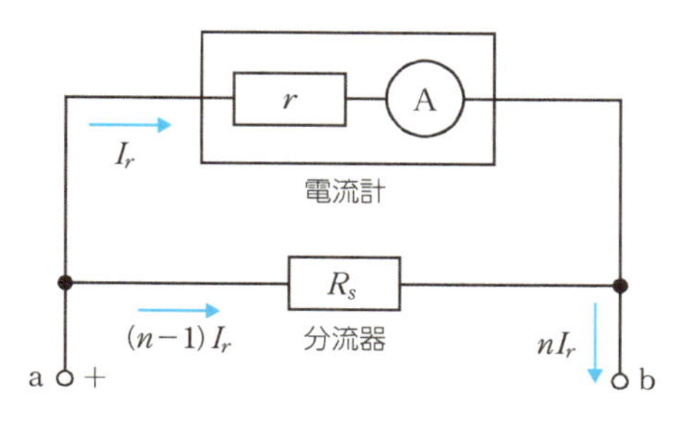

図 4.5 分流器

4

例題 4.1

図 4.5 において、定格値 $I_r = 10$ mA、内部抵抗 $r = 495$ mΩ の電流計で、1 A までの電流を測定したい。分流器 R_s の値を求めなさい。

解答

電流の倍率 n は

$$n = \frac{1}{10 \times 10^{-3}} = 100$$

なので、式 (4.11) より

$$R_s = \frac{r}{n-1} = \frac{495 \times 10^{-3}}{100 - 1} = 5 \times 10^{-3}\ \Omega$$

したがって、

$$R_s = 5\ \mathrm{m}\Omega$$

と求められる。

図 4.6 のように、分流器を複数接続してスイッチで接続先を変更して使用することで、異なる倍率の測定範囲を切り換えて測定可能な電流計を構成できる。このような分流器を**エアトン分流器**（Ayrton shunt）という。

例えば、図 4.6 のスイッチを 2 番端子に接続した場合の回路を考えると、図 4.7 のように表せる。このとき式 (4.10) と同じく電圧の等しさの関係から

$$(R_1 + R_2)(I_2 - I_r) = \left(r + \sum_{k=3}^{m} R_k\right) I_r \tag{4.12}$$

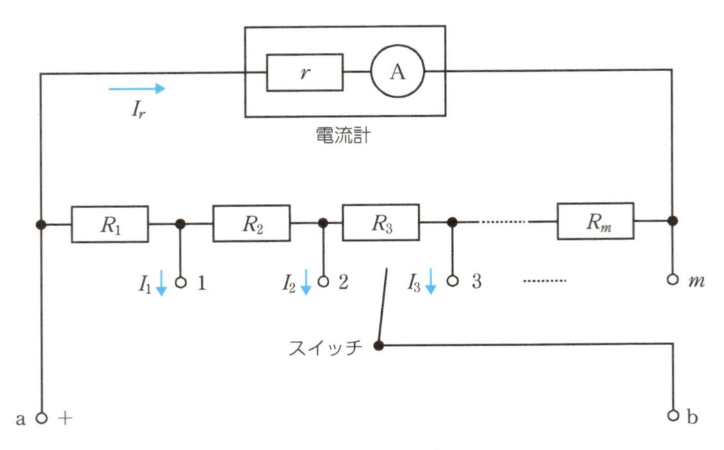

図 4.6　エアトン分流器

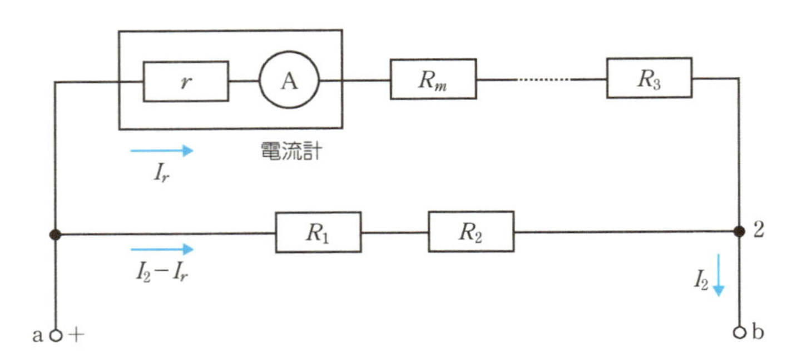

図 4.7　エアトン分流器の測定例

となる。他の切り替え端子に接続した場合も同様に考えることができ、電流計の定格値 I_r および内部抵抗 r、また、測定したい倍率の電流 I_k $(k = 1 \sim m)$ によって抵抗値 R_k $(k = 1 \sim m)$ が求まる。

例題 4.2

図 4.8 のエアトン分流器を用いた多重範囲電流計について、次の問いに答えなさい。

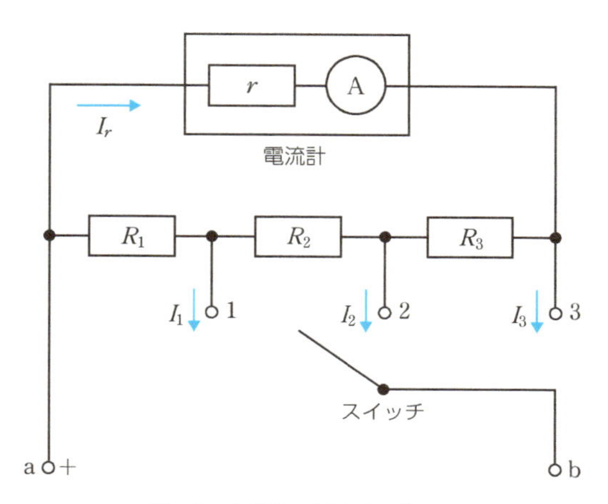

図 4.8　多重範囲電流計の構成例

(1) b 端子のスイッチを 1〜3 番の各端子にそれぞれ接続したときの a-b 間の電圧の関係を式で示しなさい。

(2) この多重範囲電流計において、定格値 $I_r = 500\ \mu\text{A}$、内部抵抗 $r = 1\ \text{k}\Omega$、$I_1 = 100\ \text{mA}$、$I_2 = 10\ \text{mA}$、$I_3 = 1\ \text{mA}$ としたとき、各抵抗値 R_1〜R_3 を求めなさい。

解答

(1) スイッチを各端子に切り替えたときの a-b 間電圧の関係から次式が得られる。

$$\begin{cases} R_1(I_1 - I_r) = (r + R_2 + R_3)I_r \\ (R_1 + R_2)(I_2 - I_r) = (r + R_3)I_r \\ (R_1 + R_2 + R_3)(I_3 - I_r) = rI_r \end{cases}$$

(2) ここで、$R_{S1} = R_1 + R_2 + R_3$、$R_{S2} = R_1 + R_2$ とおいて整理すると

$$\begin{cases} R_1(I_1 - I_r) = (r + R_{S1} - R_1)I_r \\ R_{S2}(I_2 - I_r) = (r + R_{S1} - R_{S2})I_r \\ R_{S1}(I_3 - I_r) = rI_r \end{cases}$$

より

$$
\begin{cases}
R_1 = (r + R_{S1})\dfrac{I_r}{I_1} \\
R_{S2} = (r + R_{S1})\dfrac{I_r}{I_2} \\
R_{S1} = r\dfrac{I_r}{I_3 - I_r}
\end{cases}
$$

となり

$$
R_{S1} = r \cdot \frac{I_r}{I_3 - I_r} = 1 \times 10^3 \times \frac{500 \times 10^{-6}}{1 \times 10^{-3} - 500 \times 10^{-6}} = 1 \times 10^3 = 1\ \mathrm{k}\Omega
$$

$$
R_{S2} = (r + R_{S1})\frac{I_r}{I_2 - I_r} = \frac{(1 \times 10^3 + 1 \times 10^3) \times 500 \times 10^{-6}}{10 \times 10^{-3} - 500 \times 10^{-6}} = 100\ \Omega
$$

$$
R_1 = (r + R_{S1})\frac{I_r}{I_1} = (1 \times 10^3 + 1 \times 10^3)\frac{500 \times 10^{-6}}{100 \times 10^{-3}} = 10\ \Omega
$$

が求まる。これより、

$$
R_2 = R_{S2} - R_1 = 100 - 10 = 90\ \Omega
$$

$$
R_3 = R_{S1} - R_{S1} = 1000 - 100 = 900\ \Omega
$$

と求められる。

4.2.2 直流電圧の測定

4.1.1 節で示した可動コイル形計器はアナログ直流電流の測定器であるが、流れる電流と内部抵抗の積

$$
V_r = rI_r \tag{4.13}
$$

により電圧を求めれば、電圧測定に利用できる。電流計測では測定対象と直列に電流計を接続することから内部抵抗は小さい方がよく、電圧計測では測定対象に並列に電圧計を接続するため内部抵抗は大きい方がよい。電圧計測では内部抵抗を無限大として測定対象から電流を取り出さずに電圧を測定することが理想だが、アナログ電流計は測定対象の電流により指針を動かすため内部抵抗は有限値となる。

図 4.9(a) の回路の電圧を電圧計で測定することを考えると、図 4.9(b) のよ

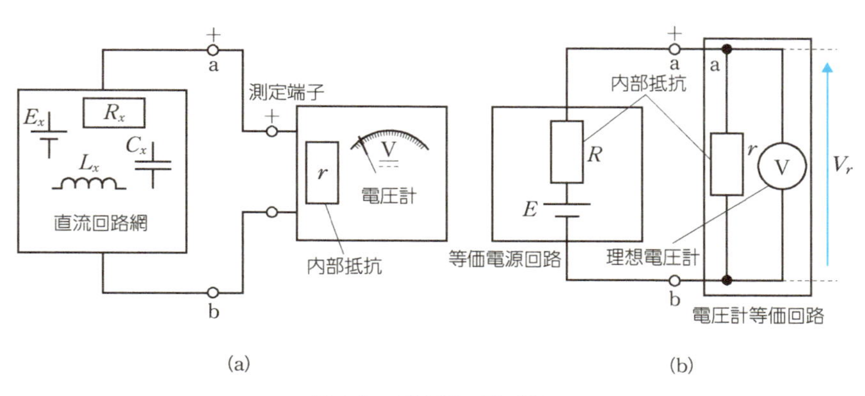

図 4.9　直流回路の電圧測定

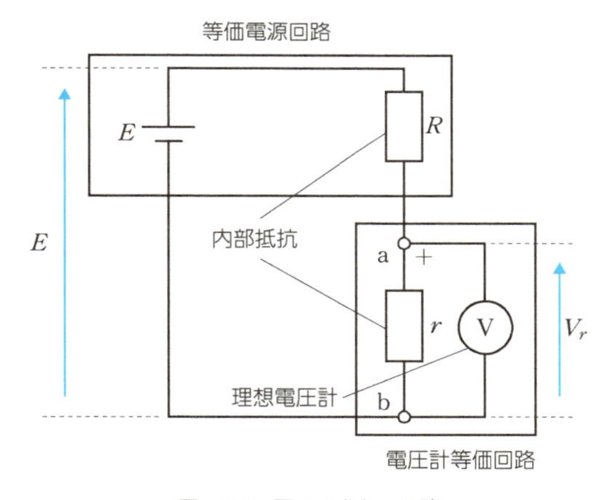

図 4.10　図 4.9 (b) の回路

うに、直流回路網はテブナンの定理により電源 E と内部抵抗 R の等価電源回路として、また、電圧計は内部抵抗 r と抵抗値無限大の理想電圧計による並列等価回路として表すことができる。図 4.9(b) を、電圧の関係を見やすく変形すると図 4.10 のようになり、このとき測定電圧 V_r は

$$V_r = \frac{r}{R+r}E \tag{4.14}$$

と E よりも小さく、次の系統誤差 $\Delta V/E$ を含む値となる。そのため、正確な E の測定には、計器の内部抵抗 r も測定する必要がある。

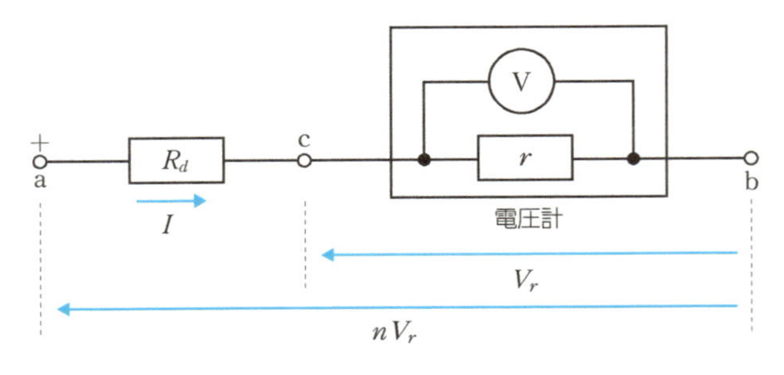

図 4.11　倍率器

$$\frac{\Delta V}{E} = \frac{V_r - E}{E} = \frac{-R}{R + r} \tag{4.15}$$

電圧計の測定範囲を広げるには図 4.11 に示すように抵抗を直列に接続する。この抵抗を**倍率器**（multiplier）という。図のように、定格値 V_r [V]、内部抵抗 r [Ω] の電圧計に対して、倍率器 R_d を接続し、V_r の n 倍までの電圧を測定することを考える。図 4.11 より、流れる電流を I とすると、端子 a-b 間の電圧は

$$nV_r = (R_d + r)I \tag{4.16}$$

であり、c-b 間の電圧 $V_r = rI$ より $I = V_r/r$ なので、

$$nV_r = (R_d + r)\frac{V_r}{r} \tag{4.17}$$

が得られる。この式より倍率器 R_d の抵抗値は

$$R_d = (n - 1)r \tag{4.18}$$

と求められる。

例題 4.3

図 4.11 において、定格値 $V_r = 5$ V、内部抵抗 $r = 20$ kΩ の電圧計で、250 V までの電圧を測定したい。倍率器 R_d の値を求めなさい。

解答

電圧の倍率 n は

$$n = \frac{250}{5} = 50$$

であり、式 (4.18) より

$$R_d = (n-1)r = (50-1) \times 20 \times 10^3 = 980 \times 10^3$$

となる。したがって、

$$R_d = 980 \text{ k}\Omega$$

と求められる。

図 4.12 のように、異なる倍率の倍率器を複数接続して接続先を変更して使用することで、測定範囲を切り換えて測定可能な電圧計を構成できる。

例えば、図 4.12 のスイッチを 2 番端子に接続し、n 倍の電圧を測定する場合の回路を考えると、図 4.13 のように表せる。このとき式 (4.17) と同じく a-b 間の電圧は

$$nV_r = (R_1 + R_2 + r)\frac{V_r}{r} \tag{4.19}$$

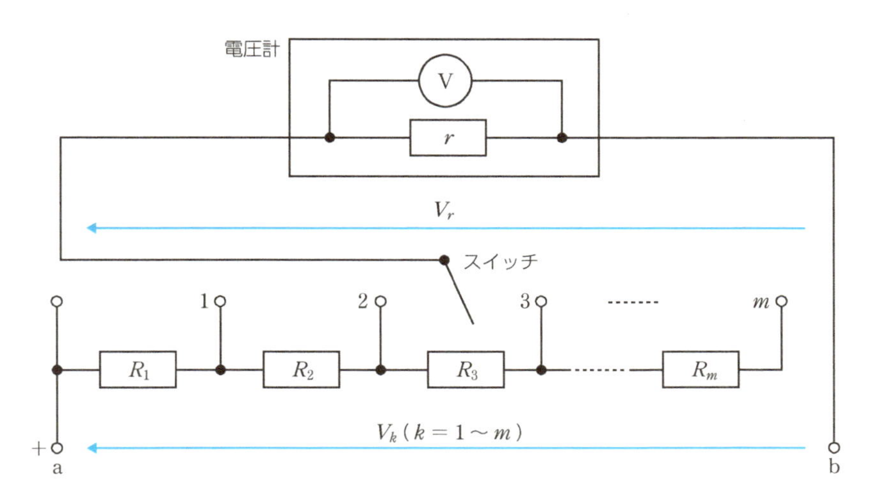

図 4.12　多重範囲の電圧計

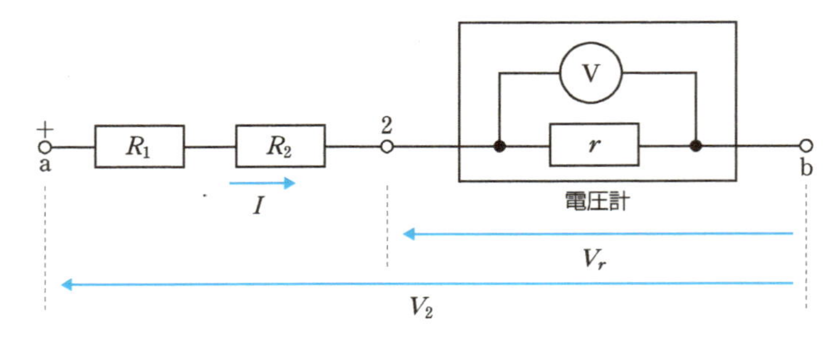

図 4.13　多重範囲電圧計の測定例

となる。他の切り替え端子に接続した場合も同様に考えることができ、電圧計の定格値 V_r および内部抵抗 r、また、測定したい電圧の倍率によって抵抗値 R_k ($k = 1〜m$) が求まる。

例題 4.4

図 4.14 の多重範囲電圧計について、次の問いに答えなさい。

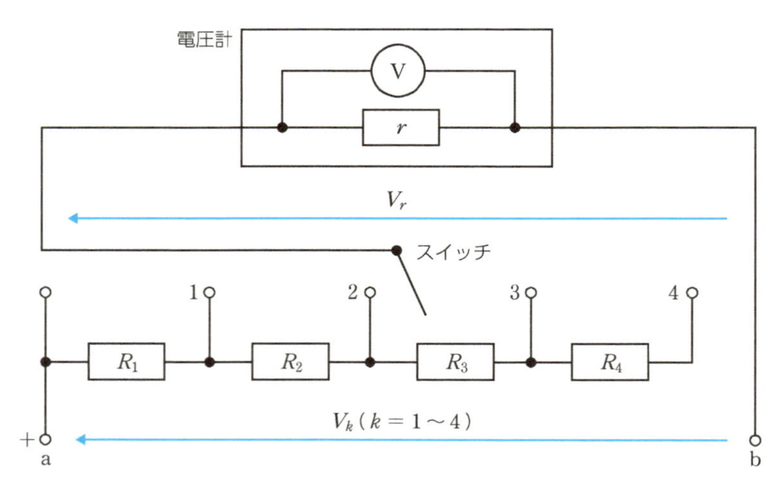

図 4.14　多重範囲電圧計の構成例

(1) スイッチを 1〜4 番の各端子にそれぞれ接続したときの a-b 間の電圧の関

係を式で示しなさい。

(2) 電圧計の定格値 $V_r = 1$ V、内部抵抗 $r = 1$ kΩ であるとき、スイッチの接続先が、1 番端子のときに電圧 $V_1 = 5$ V、2 番端子のときに $V_2 = 10$ V、3 番端子のときに $V_3 = 20$ V、4 番端子のときに $V_4 = 50$ V の電圧を測定したい。R_1〜R_4 の抵抗値を求めなさい。

解答

(1) a-b 間の電圧の関係から、スイッチを 1 番端子に接続したとき

$$V_1 = (R_1 + r)\frac{V_r}{r}$$

2 番端子に接続したとき

$$V_2 = (R_1 + R_2 + r)\frac{V_r}{r}$$

3 番端子に接続したとき

$$V_3 = (R_1 + R_2 + R_3 + r)\frac{V_r}{r}$$

4 番端子に接続したとき

$$V_4 = (R_1 + R_2 + R_3 + R_4 + r)\frac{V_r}{r}$$

と表せる。

(2) 条件より、$V_r = 1$ V、$r = 1$ kΩ =1000 Ω、$V_1 = 5$ V、$V_2 = 10$ V、$V_3 = 20$ V、$V_4 = 50$ V なので、(1) の式に代入すると、

$$5 = (R_1 + 1000)\frac{1}{1000}$$
$$10 = (R_1 + R_2 + 1000)\frac{1}{1000}$$
$$20 = (R_1 + R_2 + R_3 + 1000)\frac{1}{1000}$$
$$50 = (R_1 + R_2 + R_3 + R_4 + 1000)\frac{1}{1000}$$

となる。R_1 から順次計算していくと

$$R_1 = 4\ \mathrm{k\Omega}、\quad R_2 = 5\ \mathrm{k\Omega}、\quad R_3 = 10\ \mathrm{k\Omega}、\quad R_4 = 30\ \mathrm{k\Omega}$$

と求められる。

未知電圧や微小電圧の精密測定などには、直流電位差計法が用いられる。図 4.15 に**電位差計**（potentiometer）の概要を示す。ここで、未知電圧 E_x は測定対象、基準電圧 E_s は既知の電圧、電源電圧 E は電圧調整用の電源であり $E > E_s$、a-b 間は一様な抵抗で c 点の位置により抵抗値が変化する。

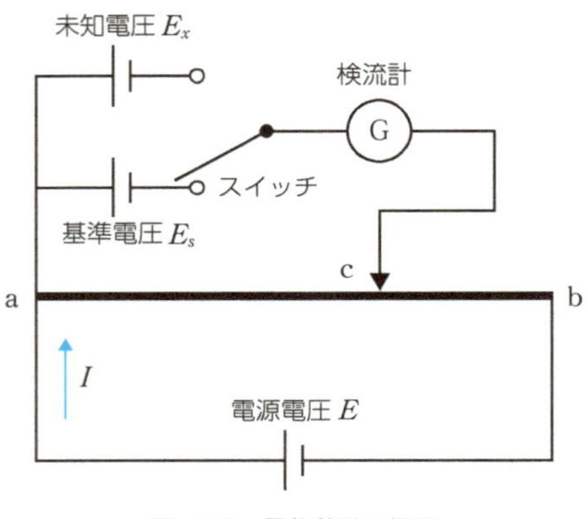

図 4.15　電位差計の概要

まずスイッチを基準電圧 E_s 側に入れ、電源電圧 E から抵抗 a-b に電流 I を流し、検流計がゼロになるように c 点を調整する。このときの抵抗値を r_s とすると、E_s と調整後の a-c 間の抵抗値 r_s による電圧降下は等しいので

$$E_s = r_s I \tag{4.20}$$

となる。次にスイッチを未知電圧 E_x 側に入れ、同様に検流計がゼロになるように c 点を調整する。このときの抵抗値を r_x とすると、E_x と調整後の a-c 間の抵抗値 r_x による電圧降下は等しいので

$$E_x = r_x I \tag{4.21}$$

となる。式 (4.20)、(4.21) より

$$\frac{E_x}{r_x} = \frac{E_s}{r_s} \tag{4.22}$$

であり、これより未知電圧を

$$E_x = \frac{r_x}{r_s} E_s \tag{4.23}$$

と求められる。電位差計は零位法（第 1 章参照）の原理を用いており、測定に時間がかかるが測定精度が高い。

4.3 測定機器

4.3.1 回路計

アナログ／ディジタル表示計器を用いた電流・電圧等の測定器に**テスタ**（回路計、回路試験器、circuit testers）がある。テスタは、電気・電子回路内の電流、電圧、抵抗値などの基本的な測定機能を持っている。アナログ表示計器を用いたものはアナログテスタといい、ディジタル表示計器を用いたものはディジタルテスタという。1 台で測定機能や測定範囲を切り換えて測定できる計器は**マルチメータ**（multi-meter）とも呼ばれる。テスタの規格は、JIS C 1202「回路計 Circuit Testers」に定められている。規格の例として表 4.2 に回路計の階級による種類を示す。

アナログテスタによる直流電流測定では、測定端子を測定対象に直列に接続し、直流電流計と分流器の組み合わせにより測定範囲を設定して測定する。アナログ指示計器を用いた電流計による測定については 4.2.1 節で述べた。測定可能な電流値は、汎用テスタで 0.003〜1.2 A 程度、高感度テスタで 0.0003〜1.2 A 程度であり、機器のマニュアルに仕様が示されている。一方、アナログテスタによる直流電圧測定では、4.2.2 節で述べたように測定端子を測定対象に並列に接続し、直流電流計と倍率器の組み合わせにより測定範囲を設定して測定する。テスタの内部抵抗値は表 4.2 の表 1A に示す回路定数（kΩ/V）で定められる。回路定数は、汎用テスタで 20 kΩ/V、高感度テスタで 100 kΩ/V 程度であり、内部抵抗を大きくすることで、電圧の測定精度を上げている。アナログテスタによる電圧測定では、測定レンジによってテスタの内部抵抗が変化するため、測定対象の内部抵抗が大きい場合に使用するテスタの測定レンジによって測定値が異なる場合がある。

表 4.2　回路計の階級（JIS C 1202: 2000 より抜粋）

表 1A　階級による種類（アナログ式）

階級			AA 級	A 級
固有誤差	直流電圧	最大目盛値に対する%	±2	±3
	直流電流			
	交流電圧[1]		±3	±4[2]
	抵抗	目盛の長さに対する%	±3	±3
測定範囲の数[3]			20 以上	10 以上
目盛の長さ mm			70 以上	40 以上
回路定数	直流電圧 kΩ/V[4]		20 以上	10 以上
	交流電圧 kΩ/V[5]		9 以上	4 以上

注　(1) 直列コンデンサ端子を用いて測定する交流電圧には適用しない。
(2) 最大目盛値が 3 V 以下の測定範囲については、最大目盛値の ±6%とする。
(3) 付加目盛は、測定範囲の数に含めない。
(4) 任意の直流電圧測定範囲における内部抵抗と、その最大目盛値との比を kΩ/V で表したものである。
(5) 任意の交流電圧測定範囲における内部インピーダンス（50Hz 又は 60Hz）と、その最大目盛値との比を kΩ/V で表したものである。

表 1B　階級による種類（ディジタル式）

階級		AA 級	A 級
固有誤差	直流電圧	± (指示値の 0.2%+最大表示値の 0.25%)	±(指示値の 1.5%+最大表示値の 0.5%)
	交流電圧[6]	± (指示値の 1%+最大表示値の 0.25%)	± (指示値の 2.5%+最大表示値の 0.5%)
	直流電流[7]	± (指示値の 1%+最大表示値の 0.25%)	± (指示値の 2.5%+最大表示値の 0.5%)
	交流電流[6][7]	± (指示値の 2%+最大表示値の 0.25%)	± (指示値の 3%+最大表示値の 0.5%)
	抵抗	± (指示値の 1%+最大表示値の 0.25%)	± (指示値の 2%+最大表示値の 0.5%)
測定範囲の数[8]		20 以上	15 以上
回路定数[9]	直流電圧	9MΩ 以上	9MΩ 以上
	交流電圧		

注　(6) 実効値検波方式のものは、測定範囲が最大表示値の 10%未満には適用しない。
(7) 最大表示値が 1A を超える測定範囲には適用しない。
(8) 直流電圧、直流電流、交流電圧、交流電流、抵抗測定以外は、測定範囲の数に含めない。
(9) 任意の電圧測定範囲における内部インピーダンス（直流測定範囲は直流、交流測定範囲は、50 Hz 又は 60 Hz を用いて行う）を動作状態で求めたものである。

例題 4.5

測定レンジ 50 V、回路定数 20 kΩ/V のテスタの内部抵抗値を求めなさい。

解答

回路定数より、テスタの内部抵抗値は

$$50 \times 20 \times 10^3 = 1.0 \times 10^6 = 1.0 \text{ M}\Omega$$

となる。

ディジタルテスタによる直流電流測定では、被測定回路に対して測定端子を直列に接続し、標準抵抗器に測定電流を流し、標準抵抗器両端の電圧を、直流電圧計を用いて測ることで電流を間接測定する。小電流の測定では内部抵抗が大きくなるため、大きな誤差を生じる可能性がある。一方、ディジタルテスタによる直流電圧測定では、測定対象に対して並列に測定端子を接続し、直流電圧計と分圧器を用いて測定する。測定対象の電圧を、電圧計の定格値内に収まるように分圧器を用いて分圧して測定する。ディジタルテスタの測定結果は AD 変換器でディジタル値に変換して数値で表示する。AD 変換にはいくつか方式があり、安定性と精度の点から、ディジタルテスタでは二重積分型 AD 変換器（第 11 章参照）が用いられることが多い。

4.3.2 クランプメータ

測定対象内の電流を測定するには、基本的に回路の配線間に電流計を直列に挿入する必要があるため、電流計測用の端子やコネクタをあらかじめ用意するか、場合によっては対象回路の配線を切断し接続しなければならない。そのため、電気設備や家電製品などでは、電流計の挿入作業が難しい場合もある。このような作業を行うことなく電流測定が可能な測定器として**クランプメータ**（clamp meter）がある。信号線に電流が流れると、電流に応じた磁界が周囲に発生する。クランプ式電流計は、図 4.16 のように、信号線をクランプ形の変流器（トランス・コア）で挟み、磁界を検出することで、非接触で電流を測定する。変

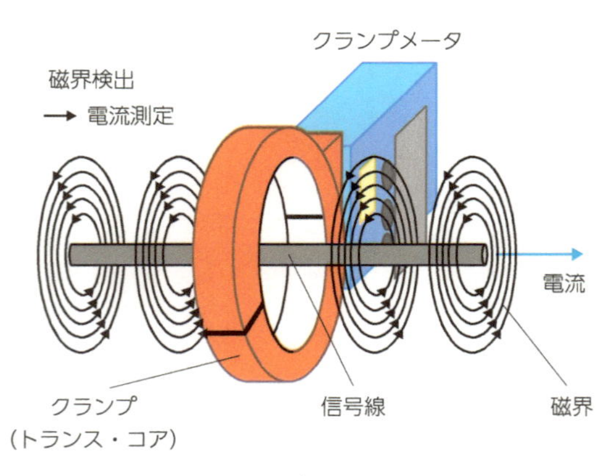

図 4.16　クランプメータによる測定

流器を用いたクランプメータは、交流電流のみ測定できる。また、電流検出にホール素子（第 6 章参照）を用いたものは、交流と直流のどちらの電流も測定できる。

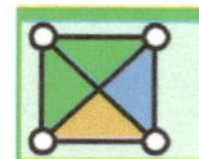

章末問題

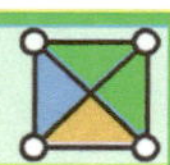

4.1 永久磁石可動コイル形計器の動作原理を説明しなさい。

4.2 測定における負荷効果について説明しなさい。

4.3 回路定数が 20 kΩ/V のテスタの測定範囲を 250 V とした場合のテスタの内部抵抗値を求めなさい。また、同じ測定範囲で回路定数が 100 kΩ/V のテスタの内部抵抗値を求めなさい。

4.4 図 4.17 のエアトン分流器を用いた多重範囲電流計について、次の問いに答えなさい。

(1) b 端子のスイッチを 1〜4 番の各端子にそれぞれ接続したときの a-b 間の電圧の関係を式で示しなさい。

(2) 電流計の定格値 $I_r = 1$ mA、内部抵抗 $r = 10$ kΩ であるとき、b 端子の接続先が、4 番端子のときに電流 $I_4 = 0.101$ A、3 番端子のときに I_4 の 10 倍、2 番端子のときに I_3 の 10 倍、1 番端子のときに I_2 の 10 倍の電流を測定したい。R_1〜R_4 の抵抗値を求めな

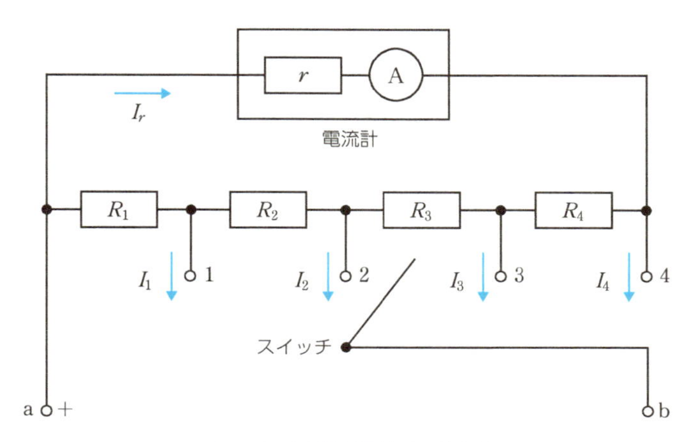

図 4.17　多重範囲電流計の構成例

さい。

交流回路では、電流、電圧は、その大きさや向きが時間により変化する。これらはピーク値（波高値）と位相で表され、さらに、インダクタンスやキャパシタンスによるリアクタンス成分により、電流と電圧の間にも位相差が生じ、電力などにも影響する。そのため、交流回路の測定では、測定対象となるパラメータが複雑になる。

5.1 交流電流・電圧の測定パラメータ

第 3 章において、交流を表すパラメータについて示した。表 5.1 では、正弦波交流信号における交流電流・電圧の測定パラメータをまとめる。ただし、I_m, V_m をピーク値、ω を角周波数、θ_I, θ_V を電流、電圧の初期位相角とする。

5.2 アナログ表示計器による交流測定

第 4 章「直流電流・電圧の測定」と同様に、現在は、交流電流・電圧測定においてもディジタル表示計器による測定が主流であるが、アナログ表示計器は、様々な物理法則や原理を用いて、対象の量を測定できるよう工夫されており、その測定原理を知っておくとよい。

5.2.1 可動鉄片形計器

商用周波数帯 50～60 Hz などの交流電流・電圧の指示計器として、可動鉄片形計器が挙げられる。可動鉄片形計器は、可動片と固定コイル内の電流による磁界との間に生じる磁気吸引反発作用によって動作する計器であり、構造が簡

表 5.1 交流回路の測定パラメータ

瞬時値	電流 $i(t)$ [A]	$i(t) = I_m \sin(\omega t + \theta_I)$
	電圧 $v(t)$ [V]	$v(t) = V_m \sin(\omega t + \theta_V)$
平均値	電流 I_a [A]	$I_a = \frac{2}{\pi} I_m$
	電圧 V_a [V]	$V_a = \frac{2}{\pi} V_m$
実効値	電流 I [A]	$I = \frac{I_m}{\sqrt{2}}$
	電圧 V [V]	$V = \frac{V_m}{\sqrt{2}}$
波形率	電流 FF_I	$\mathrm{FF}_I = \frac{I}{I_a} = \frac{\pi}{2\sqrt{2}} \approx 1.11$
	電圧 FF_V	$\mathrm{FF}_V = \frac{V}{V_a} = \frac{\pi}{2\sqrt{2}} \approx 1.11$
波高率	電流 CF_I	$\mathrm{CF}_I = \frac{I_m}{I} = \sqrt{2}$
	電圧 CF_V	$\mathrm{CF}_V = \frac{V_m}{V} = \sqrt{2}$

単かつ安価で過電流などに対する耐性がある。

図 5.1 に可動鉄片形計器の基本構造を示す。円筒形の固定コイルに電流を流すと、磁束により固定コイル周辺に磁界が発生する。円筒コイル内に、コイルに固定した固定鉄片と可動鉄片を置くと、同じ磁界中で同じ極性に磁化されるため、鉄片同士は反発力を生じる。可動鉄片は指針につながっており、可動鉄片が動くことで指針の駆動トルクを生じる。この駆動トルクと、制御ばねによる制御トルクがつり合い、測定量を指示する。指針の制動装置には羽根などによる空気制動が使われる。可動鉄片形計器の指示値は、振れ角が電流の 2 乗に比例し不平等目盛になるが、鉄片形状の工夫などで平等目盛に近づけているものもある。可動鉄片形計器は、原理的には交流・直流のどちらにも使用できるが、直流測定においては残留磁気による**ヒステリシス効果**（hysteresis effect）により誤差が生じるため、主に交流測定に使われる。

5.2.2 整流形計器

直流電流・電圧測定で一般に広く用いられる可動コイル形計器は、フレミングの左手の法則に基づき、電流の流れる方向によって駆動トルクを発生するため、

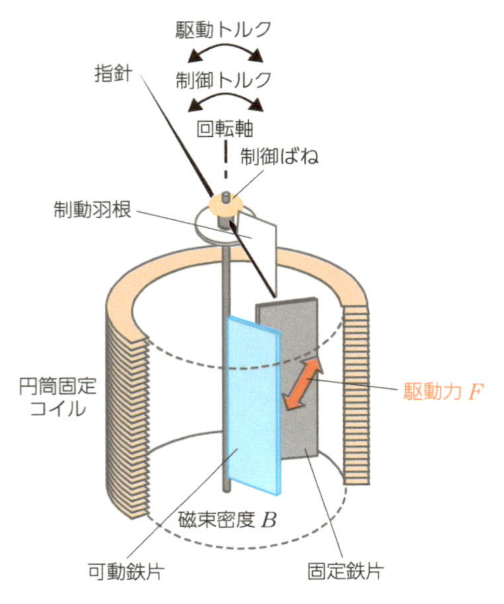

図 5.1　可動鉄片形計器の原理

交流では動作しない。このような直流用計器で交流電圧を測定するには、交流を**整流**（rectification）し直流に変換すればよい。交流を直流に変換するには、整流回路が用いられる。整流回路と可動コイル形計器を組み合わせた計器を**整流形計器**（rectifier type instrument）という。

整流回路には**ダイオード**（diode）が用いられる。ダイオードは、電流を一方向のみに流す半導体部品であり、整流や回路の保護などに使われる。整流回路には、図 5.2(a) に示す**半波整流**（half-wave rectification）回路と図 5.2(b) に示す**全波整流**（full-wave rectification）回路がある。

半波整流回路は、1 つのダイオードを用いて構成でき、交流信号の正または負の一方の信号のみ出力する。全波整流回路は、4 つのダイオードによるブリッジ回路により、交流の負の信号を反転させ、全て正の信号として出力する。整流後は、コンデンサなどで平滑化、変圧などを行い、測定信号として用いる。図 5.3 に示すように、全波整流は交流から直流への変換効率がよくリップルも少ないため、一般に多くの用途で使われる。半端整流は、信号の半分をカットするため変換効率は良くないが構造が簡易で低コストなため、負荷が小さい簡易

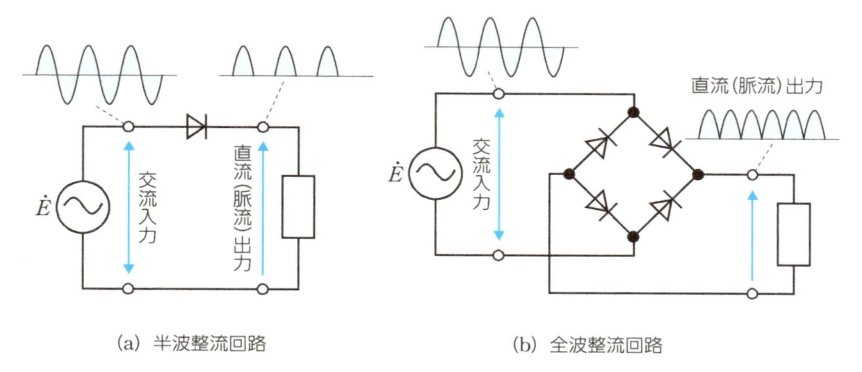

図 5.2　整流回路

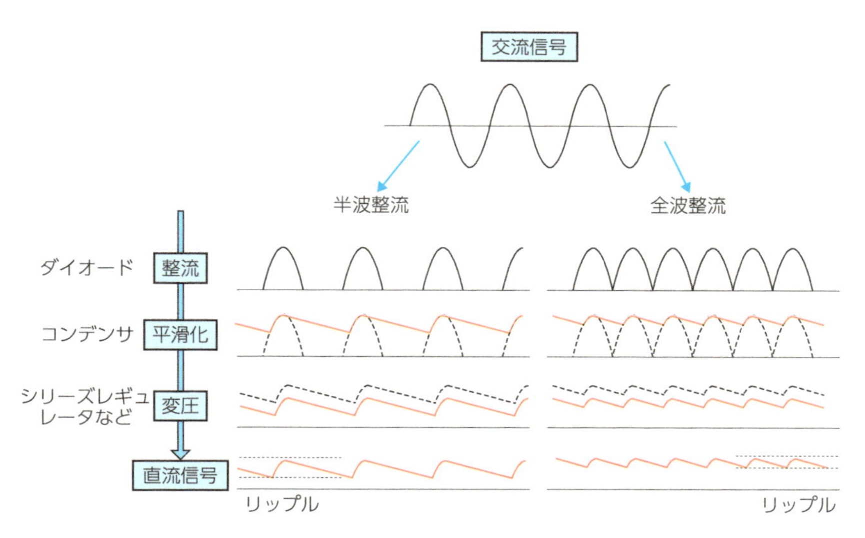

図 5.3　整流信号

な回路などで使われる。

なお、整流回路を用いる際は、ダイオードの整流特性が測定値に影響する。ダイオードは、順電圧が 0.6 V 程度まで高い抵抗特性を示し、電圧がそれ以上になると急激に順電流が流れる。この特性により、順電圧以下の電圧測定ができなくなる。そのため、ダイオードの内部抵抗値に比べて大きい抵抗を直列に接続し、ダイオードの内部抵抗変化の影響を減らすなどの対応が必要である。

整流回路により整流された電圧を直流電流計に加えると、計器の指針は電流の平均値を示す。したがって、計器の目盛は、波形率から半波整流回路を用いた場合は平均値を 2.22 倍、全波整流回路を用いた場合は平均値を 1.11 倍し、正弦波の実効値を示すよう目盛られている。一方で、入力が正弦交流波形以外の場合は誤差を生じる。ひずみのある交流波形を測定する際は、真の実効値を表示可能な熱電形計器などを用いる。

5.2.3 熱電形交流電流計

高周波電流を測定するアナログ表示計器に、熱電形電流計がある。熱電形電流計は、図 5.4 のように熱線（抵抗線 R）と**熱電対**（thermocouple）、および可動コイル形計器から構成される。

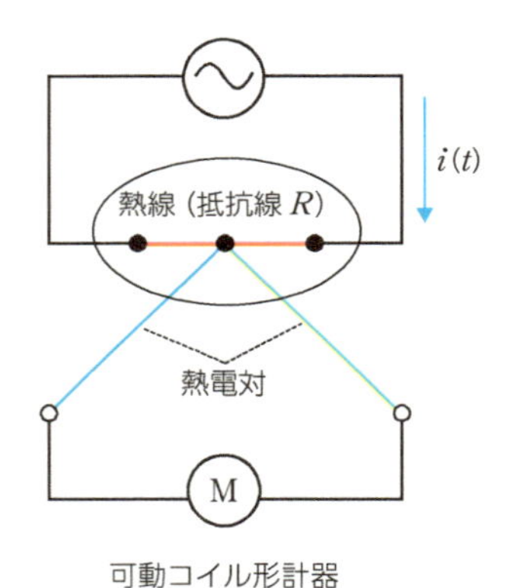

図 5.4　熱電形電流計の構成

測定する高周波電流 $i(t)$ を熱線に流すと電力 $P = R \cdot i^2(t)$ に比例したジュール熱を生じる。このとき、熱線に接触する熱電対の端点温度が上昇し、**熱電効果**（thermoelectric effect）により**熱起電力**（thermoelectromotive force）が発生する。熱線は、交流に対しインダクタンスが影響しないよう作られている。熱起電力は熱電対端子間の温度差により温度に比例して生じるので、$i^2(t) \propto$ ジュール熱 $\propto$ 熱起電力 であり、熱起電力から電流を求められる。このとき、$i^2(t)$ に比例することから計器は 2 乗目盛となる。

熱電形電流計は、高周波電力をジュール熱に変換し、温度によって指針を動かすため周波数感度が高い。波形の影響を受けないため、波形によらず真の実効値を測定できる。ただし、温度上昇の時間があり応答性は良くない。また、高周波になると熱線の**表皮効果**（skin effect）が大きくなり、抵抗値と電流値に誤差が生じる。

その他のアナログ表示計器の主な種類については、第4章の表4.1に示してあるので参照されたい。

5.3　大電流・高電圧の測定

電力の送電では、効率的な送電を行うために、発電所では数千から数万Vの交流高電圧を発電し、さらに変電所などで数十万Vの超高電圧に昇圧して送電している。このような高電圧、あるいは、大電流の測定では、計器用変成器を用いて測定対象と測定計器を絶縁し、計器で測定可能な低電圧・小電流に変換して測定する。

交流の特徴として、変圧・変流が容易であることがあげられる。図5.5のように鉄心に巻かれた1次コイルに交流電流を流すと、電磁誘導により鉄心に磁束が発生する。この磁束により2次コイル側に起電力が生じ電流が流れる。変圧、変流の違いは、電圧駆動、電流駆動の違いであり、このとき、変成比は1次コイルと2次コイルの巻き数比で決まる。変成比は、1次側のコイル巻き数をn_1、2次側のコイル巻き数をn_2とし、変圧であれば、1次側の電圧をV_1、2次側をV_2とすると

$$\frac{V_1}{V_2}=\frac{n_1}{n_2}$$

となり、変流であれば、1次側の電圧をI_1、2次側をI_2とすると

$$\frac{I_1}{I_2}=\frac{n_2}{n_1}$$

となる。

計器用変圧器（voltage transformer, VT）は、高電圧を電圧計などで扱える低電圧に変換し、例えば、変圧比（VT比）6,600/110 Vであれば、1次側に6,600 Vをかけた場合、2次側に110 Vの電圧が生じる。**計器用変流器**（current transformer, CT）は、大電流を電流計などで扱える低電流に変換する。例え

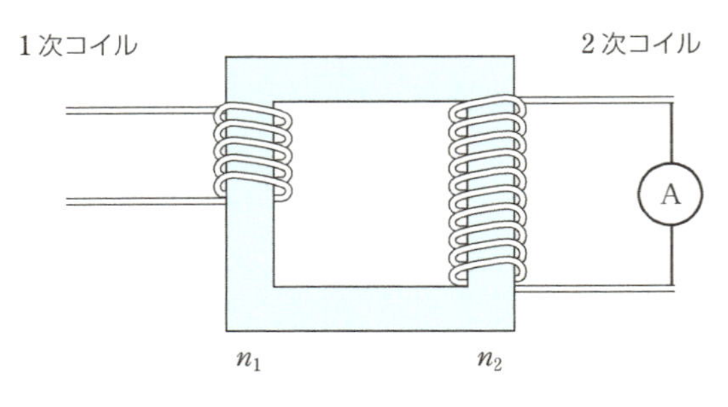

図 5.5　変圧・変流の概要

ば、変流比（CT 比）100/5 A であれば、1 次側の電流が 100 A の場合、2 次側に 5 A の電流が流れる。なお、変圧器では 2 次側を短絡、変流器では 2 次側を開放した状態で 1 次側に電流を流すと、2 次側端子間に異常な高電圧が発生し絶縁破壊や感電の危険があるため厳禁である。計器用変圧器（標準用及び一般計測用）の規格については、JIS C 1731 に定められている。

5.4 ディジタル表示計器による交流測定

ディジタルマルチメータは、第 4 章で述べたように電圧測定機能が基本であり、電圧測定はもちろん、電流測定においては標準抵抗器に電流を流して電流電圧変換を行い、抵抗器両端の電圧から電流を間接測定で求めることができる。アナログ計器と同じく、ダイオードを用いた整流と、さらに、オペアンプを用いた演算増幅などを行い、AD 変換で測定値をディジタルデータに変換し、表示部で表示する。交流電流・電圧の測定が可能であり、入力インピーダンスが高いため、理想に近い整流特性が得られる。ただし、直流電流測定と同様、小電流の測定では内部抵抗が大きくなるため、大きな誤差を生じる可能性がある。また、交流電圧の周波数特性も考慮する必要がある。交流電圧測定における周波数の影響変動値は、JIS C 1202 に定められている。

5.5 クランプメータを用いた交流電流計測

4.3.2 節で述べたクランプメータは、配線を切断せずに非接触で電流を測定可能である（図 4.16）。変流器方式（CT 方式）のクランプメータは、交流電流の測定に使われる。測定する導体をクランプに通し、導体に電流（1 次電流）が流れると、前述の変流の原理から 2 次電流が生じる。ディジタル計測系と同じく、この 2 次電流を変換、処理し、表示部に測定値を表示する。

ホール素子を用いたクランプメータは、直流・交流のどちらにも使用できる。ホール素子は、ホール効果を持つ素子であり、ホール素子に電流を流し、電流に垂直の方向に磁界を加えると、ローレンツ力の作用により電流および磁場と垂直な方向に両者に比例したホール電圧が発生する効果である。そのため、出力電圧から電流を測ることができる、詳しくは 6.2.4 節「ホール効果電力計」で述べる。

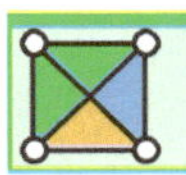

章末問題

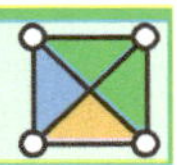

5.1 可動鉄片形計器は原理的には直流・交流測定に利用できるが、直流ではなく交流測定に用いられる主な理由を説明しなさい。

5.2 整流形計器が、正弦波交流信号以外の信号の測定で誤差を生じる理由を述べなさい。

5.3 熱電形交流電流計において、高周波信号測定で問題となる表皮効果について調べなさい。

5.4 大電流・高電圧の測定方法と注意点について説明しなさい。

第6章 電力の測定

電力は、単位時間当たりに電流が成す仕事であり、単位はW（ワット）で表される。電力を測定することにより、電気機器の性能や安全性等の評価、エネルギの管理、稼働状況の確認などができる。電力が電圧と電流の積であることは、直流電力、交流電力ともに同じであるが、交流電力の場合は電圧と電流の位相差があるため、力率を考慮する必要がある。本章では、直流電力および交流電力の測定原理や測定方法について述べる。

6.1 直流電力の測定

6.1.1 直流電力の間接測定

電力は電圧と電流の積で表されるため、電力 P [W] は、電圧 V [V] と電流 I [A] から間接測定によって求めることができる。

$$P = VI \tag{6.1}$$

負荷抵抗 R_L で消費される電力 P_L を測定するために、電圧と電流を測定する回路として、図 6.1(a)、(b) の 2 種類が考えられる。図の r_V と r_A は、それぞれ電圧計と電流計の内部抵抗を表す。いま、電圧計の読みを V、電流計の読みを I、負荷抵抗 R_L にかかる電圧を V_L、R_L に流れる電流を I_L とすると、図 (a) の回路では

$$\left.\begin{aligned} I &= I_L \\ V &= r_A I + V_L = r_A I_L + V_L \end{aligned}\right\} \tag{6.2}$$

であり、電力 P_L は

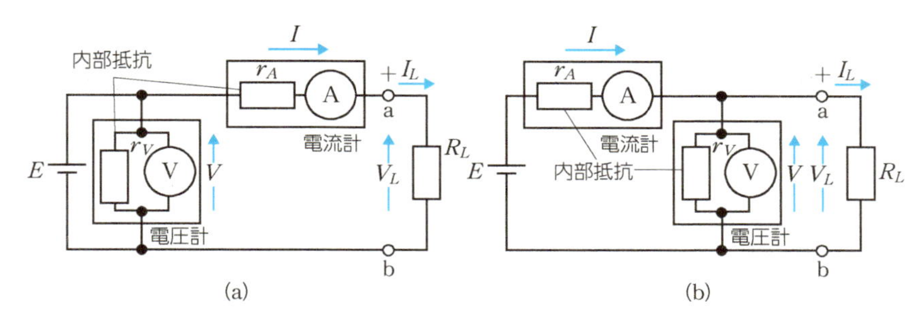

図 6.1　電力測定回路の接続例

$$P_L = V_L I_L = (V - r_A I_L) I_L = V I_L - r_A I_L^2 \tag{6.3}$$

となる。ここで、$I_L = V_L / R_L$ なので、電流計の内部抵抗による電力の誤差（式 (6.3) 最右辺第 2 項）は

$$r_A I_L^2 = r_A I_L \frac{V_L}{R_L} = V_L I_L \frac{r_A}{R_L} \tag{6.4}$$

と表すことができる。また、図 (b) の回路では

$$\left.\begin{aligned} V &= V_L \\ I = I_L + \frac{V}{r_V} &= I_L + \frac{V_L}{r_V} \end{aligned}\right\} \tag{6.5}$$

であり、電力 P_L は

$$P_L = V_L I_L = V_L \left(I - \frac{V_L}{r_V} \right) = V_L I - \frac{V_L^2}{r_V} \tag{6.6}$$

となる。ここで、$V_L = I_L R_L$ なので、電圧計の内部抵抗による電力の誤差（式 (6.6) 最右辺第 2 項）は

$$\frac{V_L^2}{r_V} = \frac{V_L I_L R_L}{r_V} = V_L I_L \frac{R_L}{r_V} \tag{6.7}$$

と表すことができる。したがって、おおよその内部抵抗値が分かれば、どちらの回路を用いるかは、図 (a)、(b) の回路の誤差の比較で検討できる。式 (6.4) と式 (6.7) の比較から、$R_L / r_V > r_A / R_L$、すなわち、$R_L > \sqrt{r_A r_V}$ となる比較的大きい負荷抵抗 R_L であれば、図 (a) の回路の方が電力誤差は小さい。反

対に、$R_L/r_V < r_A/R_L$、すなわち、$R_L < \sqrt{r_A r_V}$ となる比較的小さい負荷抵抗 R_L であれば、図 (b) の回路の方が電力誤差は小さくなり適していると言える。例えば、$r_A = 10\,\Omega$、$r_V = 100\,\mathrm{k\Omega}$ であれば、$R_L = 1\,\mathrm{k\Omega}$ が目安となる。内部抵抗値が正確に測定できる場合は、どちらの回路でも間接測定値を補正して電力を求めることができる。

例題 6.1

図 6.1 において、$r_A = 10\,\Omega$、$r_V = 5\,\mathrm{M\Omega}$、$R_L = 5\,\mathrm{k\Omega}$ であるとき、図 (a)、(b) のどちらが適しているか検討しなさい。

解答

各抵抗値より、

$$\sqrt{r_A r_V} = \sqrt{10 \times 5 \times 10^3} \approx 7\,\mathrm{k\Omega} > R_L = 5\,\mathrm{k\Omega}$$

なので、図 (b) の回路の方が適している。

6.1.2 直流電力の直接測定

直流電力の測定では、図 6.2 に示す**電流力計形計器**（electrodynamometer type instrument）を用いた直接測定による測定方法も用いられる。電流力計形計器は、第 4 章で述べた可動コイル形計器（図 4.1）の永久磁石を固定コイルに置き換えた形のアナログ測定計器である。固定コイルを電流コイル、可動コイルを電圧コイルとすると電流力計形電力計を構成できる。

固定コイルに電流 I [A] を流すと、コイルを貫く方向に、I に比例した磁束密度 $B = k_1 I$ [T] を生じる（比例定数を k_1 とおく）。可動コイルは回転軸を中心に回転可能であり、B の中で可動コイルに電圧 V [V] に比例した電流 I_M [A] を流すと、アンペール力（電磁力）の作用によりフレミングの左手の法則に則った方向に、BI_M に比例した力 F [N] が生じる。そのときの比例定数を k_2 とすれば、F は

$$F = k_2 B I_M = k_1 k_2 I_M I \tag{6.8}$$

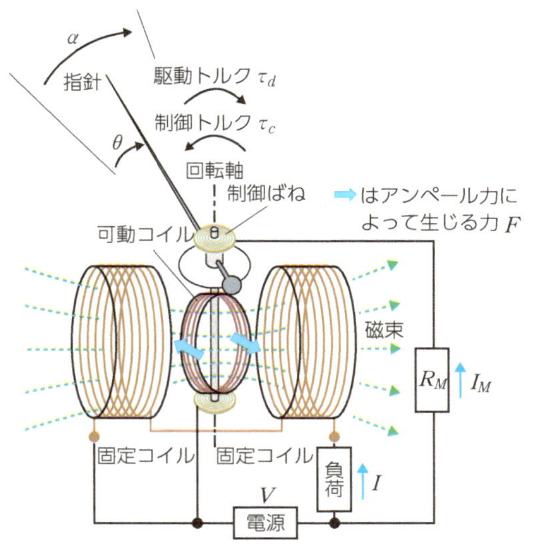

図 6.2　電流力計形計器の原理

となる。F により、可動コイルを回転させる駆動トルク τ_d が生じ、そのときの比例定数を k_3 とおけば、

$$\tau_d = k_3 F \cos(\alpha - \theta) = k_1 k_2 k_3 I_M I \cos(\alpha - \theta)$$

ただし、θ：指針の角度、α：指針の静止位置から固定コイル軸となす角度

(6.9)

となる。

一方、制御ばねは、ばねの弾性により、指針の回転角度を θ にする制御トルク τ_s を生じ、そのときの比例定数を k_4 とすると

$$\tau_c = k_4 \theta \tag{6.10}$$

であり、指針の回転は、τ_c と τ_d が釣り合った位置で静止し、また、メータ中央付近では $\alpha \approx \theta$、すなわち、$\cos(\alpha - \theta) \approx 1$ と見なすことができるので、

$$k_4 \theta = k_1 k_2 k_3 I_M I \cos(\alpha - \theta) = k_1 k_2 k_3 I_M I \tag{6.11}$$

より

$$\theta \approx \frac{k_1 k_2 k_3}{k_4} I_M I \tag{6.12}$$

と表せる。ここで、I_M は電圧に比例し、既知抵抗 R_M から

$$I_M = \frac{V}{R_M} \tag{6.13}$$

であり、したがって、負荷抵抗での電力 $P = IV$ を用いて

$$\theta \approx \frac{k_1 k_2 k_3}{k_4} I_M I = \frac{k_1 k_2 k_3}{k_4} \frac{VI}{R_M} = \frac{k_1 k_2 k_3}{k_4 R_M} P \tag{6.14}$$

となるため、θ は電力に比例する。これより、回転角度 θ に応じた電力値を目盛として振ることで、電力を指針の角度で読むことができる。なお、回路の電源は直流・交流のいずれでもよく、電流力計形電力計は交流電力の測定にも用いられる。

6.2　交流電力の測定

6.2.1　交流の電力

電力が電圧と電流との積であることは既に述べたが、交流回路では、ある負荷に任意の交流電圧の瞬時値 $v(t)$ [V] が加わり、負荷に交流電流の瞬時値 $i(t)$ [A] が流れるとき、やはり、各瞬時では、

$$p(t) = i(t) \cdot v(t) \ \text{[W]} \tag{6.15}$$

となる瞬時電力 $p(t)$ を消費している。時間によって大きさや信号の正負が変化する瞬時電力を扱うのは不便なので、交流電力は、瞬時電力の一周期分の平均である平均電力 P [W] と定義される。この平均電力を**有効電力**（effective power）、消費電力、あるいは単に電力といい、

$$P = \frac{1}{T} \int_0^T p(t) dt = IV \cos\varphi \ \text{[W]} \tag{6.16}$$

で表される。ここで、I、V は、それぞれ交流電流、交流電圧の実効値、φ は、電流と電圧の位相差角であり、$\cos\varphi$ を**力率**（power factor）という。単位は W

（ワット）である。有効電力に対し、

$$P_r = IV \sin\varphi \text{ [var]} \tag{6.17}$$

を**無効電力**（reactive power）といい、単位は有効電力と区別して var（バール、volt ampere reactive power の略）を用いる。有効電力は負荷で消費される電力だが、無効電力は実際には消費されずに、インダクタの誘導起電力やキャパシタの充放電などのリアクタンス要素と電源間で授受される電力を表している。また、電流、電圧の実効値の積を**皮相電力**（apparent power）といい、

$$P_a = IV = \sqrt{P^2 + P_r^2} \text{ [VA]} \tag{6.18}$$

であり、単位は VA（ボルトアンペア）を用いる。皮相電力は有効電力と無効電力を含む見かけ上の交流電力を表す。

例題 6.2

電流、電圧がそれぞれ $\dot{I} = 50 + j0$ [A]、$\dot{V} = 10 - j10$ [V] であるときの負荷の有効電力、無効電力、皮相電力、力率を求めなさい。

解答

$\dot{I} = 50 + j0$ [A]、$\dot{V} = 10 - j10$ [V] より、複素数表示をフェーザ表示にすると、

$$\dot{I} = 50 + j0 = \sqrt{50^2 + 0^2}\angle\tan^{-1}\frac{0}{50} = 50\angle 0^\circ \text{ A}$$

$$\dot{V} = 10 - j10 = \sqrt{10^2 + 10^2}\angle\tan^{-1}\frac{-10}{10} = 10\sqrt{2}\angle -45^\circ = 14.14\angle -45^\circ \text{ V}$$

これより、

皮相電力：　$P_a = IV = 50 \times 14.14 = 707$ VA

となる。また、$\theta = \theta_I - \theta_V = 0^\circ + 45^\circ = 45^\circ$ より

力率：　$\cos\theta = \cos 45^\circ = \dfrac{\sqrt{2}}{2} = 0.707$

有効電力：　$P = IV\cos\theta = 50 \times 10\sqrt{2} \times \dfrac{\sqrt{2}}{2} = 500$ W

$$\text{無効電力：}\quad P_r = IV\sin\theta = 50 \times 10\sqrt{2} \times \frac{\sqrt{2}}{2} = 500\,\mathrm{var}$$

と求められる。

6.2.2 電流力計形電力計による測定

交流電力の測定に、6.1.2 節で述べた電流力計形電力計を用いることができる。動作原理は同様であり、固定コイルに電力を消費する負荷抵抗に流れる交流電流を、可動コイルに既知抵抗を使って電圧に比例した交流電流を流すと、瞬時電力に応じた駆動トルクを生じる。駆動トルクと制御ばねの制御トルクの釣り合いにより指針が止まるので、その指示値は交流の平均電力を示す。

ただし、6.1.1 節の接続例と同じく、可動コイル、固定コイルの内部抵抗による誤差の影響を考慮する必要があり、可動コイル、固定コイルのどちらを負荷に接続するかで、接続方法が 2 通り考えられる。負荷抵抗が比較的小さい場合は可動コイルを負荷側に、負荷抵抗が比較的大きい場合は固定コイルを負荷側に接続するとよい。

6.2.3 三電圧計法

以下の**三電圧計法**（three-voltmeter method）という手法で、三つの電圧計の測定値と既知抵抗値を使って交流電力を求めることができる。図 6.3(a) に示すように、三つの電圧計の読みを V_1、V_2、V_3、既知抵抗値を R、負荷に流れる電流を I とする。図 6.3(b) は、フェーザ表示 $\dot{V}_1$、$\dot{V}_2$、$\dot{V}_3$ の関係をフェーザ図で表している。

図 6.3 より、負荷にかかる電力 P は、電圧 $\dot{V}_1$ と電流 $\dot{I}$ の位相差角 Φ による力率を考慮して

$$P = V_1 I \cos\Phi \tag{6.19}$$

となる。また、$\dot{V}_2$ は既知抵抗 R のみによる電圧降下で I と同位相であり

$$V_2 = IR \tag{6.20}$$

である。また、$\dot{V}_3$ は、$\dot{V}_1$ と $\dot{V}_2$ の和であり、フェーザ図から

$$V_3^2 = V_1^2 + V_2^2 + 2V_1V_2\cos\Phi \tag{6.21}$$

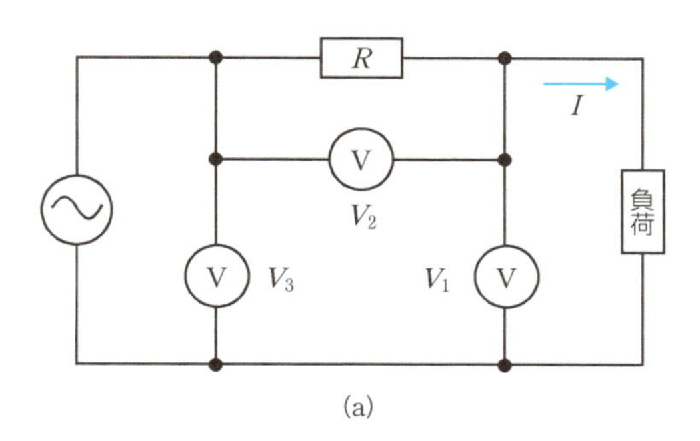

(a)

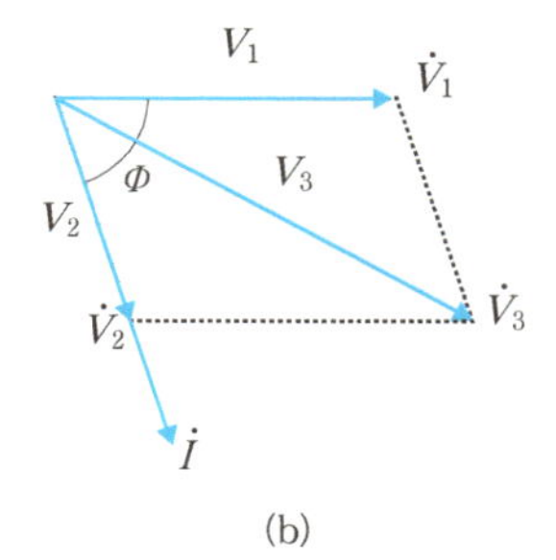

(b)

図 6.3　三電圧計法

となる。以上の式から、電力 P を、

$$P = V_1 I \cos \Phi = \frac{V_1 V_2}{R} \frac{V_3^2 - V_2^2 - V_1^2}{2V_1 V_2} = \frac{V_3^2 - V_2^2 - V_1^2}{2R} \tag{6.22}$$

と求めることができる。また、このとき力率 $\cos \Phi$ は

$$\cos \Phi = \frac{V_3^2 - V_2^2 - V_1^2}{2V_1 V_2} \tag{6.23}$$

である。なお、三つの電流計を用いて、同じように電力測定が可能であり、こちらは三電流計法という。

6

例題 6.3

図 6.3 において、$R = 20\,\Omega$ のとき、各電圧計の指示値が $V_1 = 60\,\mathrm{V}$、$V_2 = 40\,\mathrm{V}$、$V_3 = 80\,\mathrm{V}$ であった。このときの電力および力率を求めなさい。

解答

各値より

$$P = \frac{{V_3}^2 - {V_2}^2 - {V_1}^2}{2R} = 30\,\mathrm{W}$$

$$\cos \Phi = \frac{{V_3}^2 - {V_2}^2 - {V_1}^2}{2V_1 V_2} = 0.25$$

と求められる。

6.2.4 ホール効果電力計

ホール効果（Hall effect）は、電流磁気効果の一つであり、図 6.4 のようにホール素子に電流を流し、電流に垂直に磁界を加えると、X 方向に移動している電荷 q がローレンツ力の作用により Y 方向に力を受け、電流および磁場と垂直な方向に電荷が移動し、ホール電圧が発生する現象であり、エドウィン・ハーバート・ホール（Edwin Herbert Hall）により発見された。電流 I_H、磁束密度 B、ホール素子の厚さ d、ホール係数 R_H とすれば、ホール電圧 V_H は次式になる。

$$V_H = \left(\frac{R_H}{d}\right) I_H B = K I_H B \tag{6.24}$$

K は積感度といい、ホール素子の感度を表す。K が大きいほど高感度で、電流・磁場に比例する電圧出力が大きい。ホール素子は磁気、電流の検出ができ、それにより方位や電気的なスイッチや物体の位置・姿勢センサなど、さまざまなセンサに応用される。

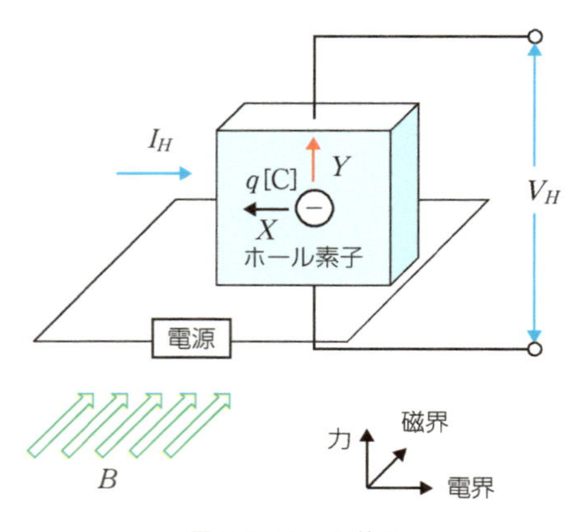

図 6.4　ホール効果

ホール効果電力計では、電力を消費する負荷にかかる電圧 V に比例した電流により磁束密度 B の磁界を作り、ホール素子に磁界を発生させる。そのホール素子に、磁界と垂直方向に、負荷に流れる電流 I に比例する電流 I_H を流すと、ホール電圧 V_H は

$$V_H = K I_H B \propto IV = P \tag{6.25}$$

となり、電力 P とホール電圧 V_H が比例するため、ホール電圧から電力を測定できる。

6.2.5 多相電力の測定

交流には単相と多相があり、多相交流で多く使われるのは三相交流である。日常で使用するような一般的な家電製品などは**単相交流**（single-phase alternating current）が使われるが、工場などで使用する大型の機器や設備、電力の伝送などでは**三相交流**（three-phase alternating current）が使われる。

三相交流は、三つの交流を、位相をずらして組み合わせた交流であり、単相交流よりも送電効率などが良い。

三相交流電力の測定には三相電力計を使用するが、単相電力計で三相交流の測定も可能である。一般に、n 相の電力は $(n-1)$ 個の単相電力計を用いて測定することができる。これを**ブロンデルの定理**（Blondel's theorem）といい、三相交流電力の測定であれば、二つの単相電力計で測定できる。図 6.5 のような単相電力計 PM1、PM2 の指示値が P_1 [W]、P_2 [W] の場合、三相電力 P [W] は、

$$P = P_1 + P_2 \tag{6.26}$$

で求めることができる。

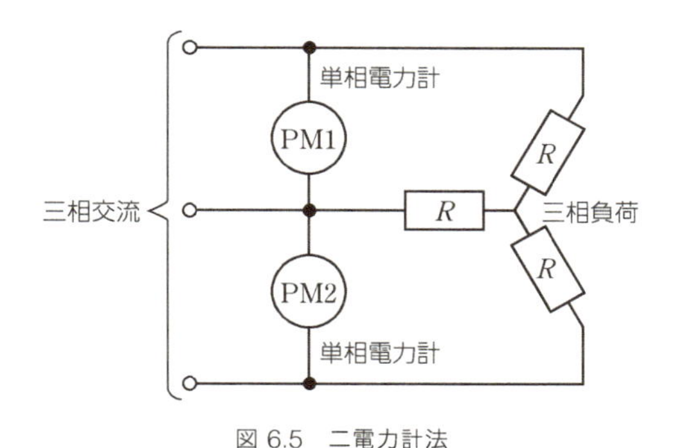

図 6.5　二電力計法

6.2.6 誘導形電力量計

電力量は電力の使用量であり、電力と時間の積で求められる。単位は kWh

(キロワットアワー) であり、例えば、1200 W の電気機器を 1 時間使用した場合と、600 W の電気機器を 2 時間使用した場合の電力量は等しい。

電力量の代表的なアナログ測定器として**誘導形電力量計** (induction type watthour meter) がある。誘導形電力量計は、**アラゴの円板** (Arago's disc) の原理を利用しており、電力に比例した回転力でアルミニウム円板を回転させ、円板の回転数から電力の使用時間を計測する計器である。

誘導形電力量計の基本構造を図 6.6(a) に示す。電流コイル W_C と W'_C は逆向きに巻かれており、負荷に流れる電流に比例し、向きが異なる磁束 Φ_C と Φ'_C を生じる。また、電圧コイル W_P には、負荷にかかる電圧に比例した電流により磁束 Φ_P が生じる。コイルの巻き数比から、W_C と W'_C のインダクタンスは小さいため Φ_C は電流とほぼ同相であり、W_P のインダクタンスは大きいため Φ_P は電圧より位相が 90° 近く遅れる。これにより、図 6.6(b) のように、$\Phi_C \to \Phi_P \to \Phi'_C$ と周期的に変化する隣接した磁界が生じる。また、これらの磁界により、アルミニウム回転円板上に I_C、I_P、I'_C の渦電流が生じる。この渦電流と磁界により、右方向への駆動トルクが発生し円板が回転する。このときの駆動トルク τ_d は次式で表される。

$$\tau_d = k_d \Phi_P \Phi_C \cos\varphi \tag{6.27}$$

ただし、k_d を比例定数、$\cos\varphi$ を力率とする

Φ_P、Φ_C は、それぞれ電圧、電流に比例しているので、その積である電力 P との関係を

$$\tau_d = k_d VI\cos\varphi = kP\cos\varphi \tag{6.28}$$

k は比例定数

と表すことができる。また、永久磁石による制動トルクを τ_c、円板の回転角速度を ω とすると、

$$\tau_c = k_c\omega \tag{6.29}$$

k_c は比例定数

であり、回転速度が一定であれば、$\tau_c = \tau_d$ であるため、

$$k_c\omega = kP\cos\varphi \tag{6.30}$$

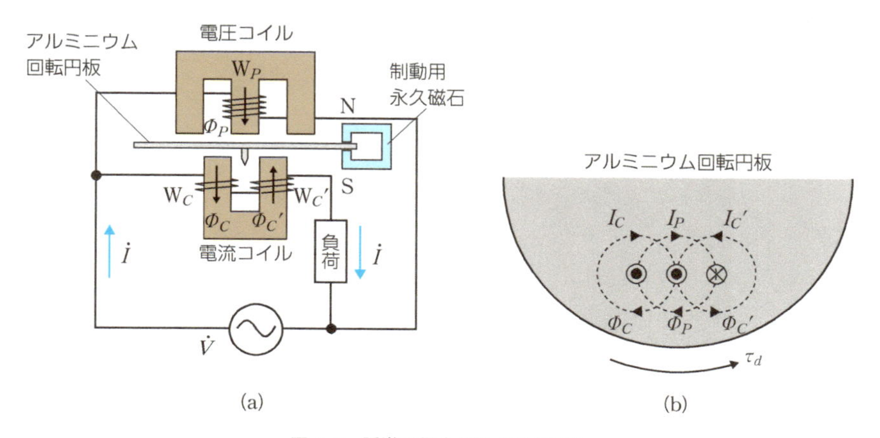

図 6.6　誘導形電力量計の基本原理

となる。時間を t とすれば、円板の回転数 N は ωt に比例するので、ある時点からの円板の回転数から電力の使用時間が分かり、電力量が求められる。

6.2.7 ディジタル電力計

ディジタル電力計（digital wattmeter）は、ディジタルパワーメータなどとも呼ばれ、電圧値、電流値を AD 変換によりそれぞれディジタルデータとしてサンプリングし、それらの演算により電力を計算する装置である（図 6.7）。電圧値、電流値をそれぞれサンプリングすることで、式 (6.15) より瞬時電力を求めることができ、時間平均を取ることで交流電力を計算できる。サンプリング周波数が電力の周波数より大きい方が精度が良い。ディジタル演算により、実効値、有効電力、無効電力、皮相電力、力率、周波数など、様々な量の計測が可能である。

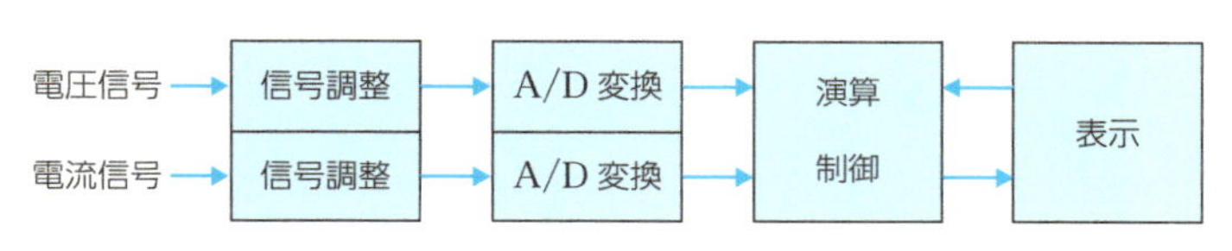

図 6.7　ディジタル電力計の基本構成

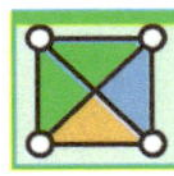

章末問題

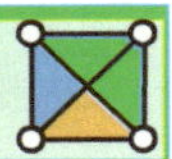

6.1 図 6.1(a)、(b) の回路において、$r_A = 4\,\Omega$、$r_V = 1\,\mathrm{M\Omega}$ としたとき、どちらの回路を使うかの判断の目安となる R_L の抵抗値を求めなさい。

6.2 インピーダンス $\dot{Z} = R + jX$ [Ω] を持つ回路に電圧 $\dot{V} = 100\angle 0°$ V が与えられたとき、皮相電力 200 VA で有効電力 100 W となった。このときの電流の実効値 I、力率 $\cos\theta$ を求めなさい。

6.3 下図の回路で、力率が 1 となるキャパシタンスの値を求めなさい。

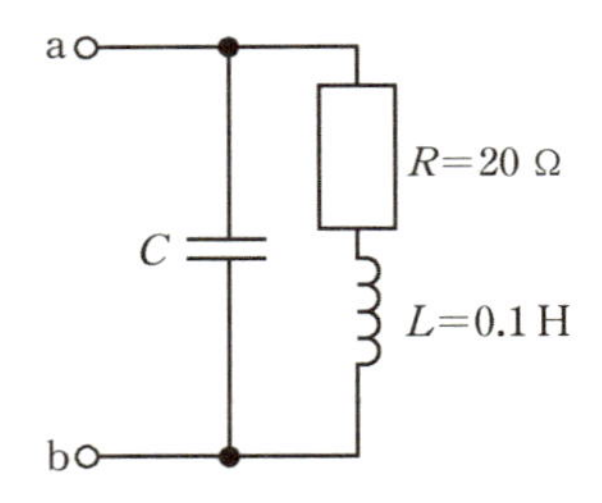

6.4 誘導形電力量計の原理を説明しなさい。

第7章 抵抗の測定

電気抵抗は、電気回路において電流の流れを妨げる作用を持つ要素である。その作用を利用することで、回路に流れる電流を調整し、また、電気エネルギを消費して電圧降下により回路要素に適切な電圧を与えることができる。一方で、回路の配線が持つ抵抗や、接点などで生じる接触抵抗、あるいは、接触不良などによる予期しない抵抗の発生は回路の損失を大きくし、性能の低下や発熱などによる故障などの原因となる。また、絶縁性の評価も抵抗測定で行う。このように、電気回路の性能や安全性の評価において、抵抗測定は欠かせない。

7.1 ブリッジ法

ブリッジ法（bridge method）は、**ホイートストンブリッジ**（Wheatstone bridge）などを用いて、未知抵抗値を測定する手法である。現在では使われることは少ないが、零位法の原理を用いた基本的な抵抗測定法であり、後述するインピーダンス測定でも同様の原理で使うことができる。図 7.1 にホイートス

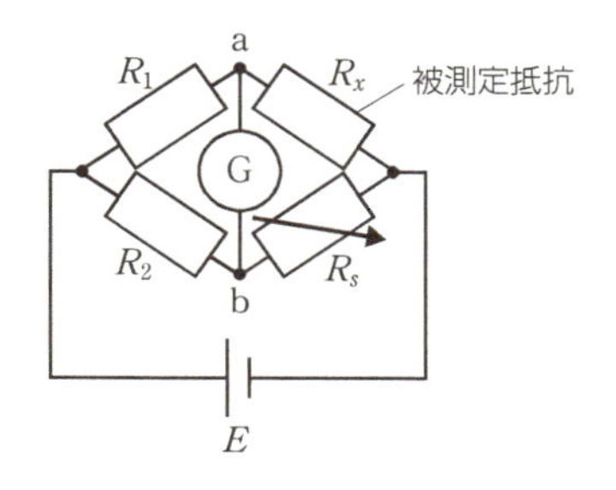

図 7.1　ホイートストンブリッジ

トンブリッジ回路の例を示す。このような回路において、a-b 間の検流計 G に電流が流れないよう R_s を調整し、各抵抗間の関係から抵抗値 R_x を測定する。

$$R_x = \frac{R_1}{R_2} R_s \tag{7.1}$$

7.2 電流電圧計法

電流電圧計法（ammeter-voltmeter method）は、**電圧降下法**（voltage drop method）とも呼ばれる抵抗測定の主流となっている方法であり、測定抵抗の両端の電圧 V [V] と、抵抗を流れる電流 I [A] を測定し、オームの法則に基づき測定抵抗値 R_x [Ω] を

$$R_x = \frac{V}{I} \tag{7.2}$$

として間接測定する方法である。この測定において、電流・電圧の測定回路は、図 7.2(a)、(b) の 2 種類が考えられる。

ここで、図 7.2 に示すように、電流計、電圧計にはそれぞれ内部抵抗が存在するため、R_x を求めるためには、これら内部抵抗を考慮する必要がある。図 7.2(a) の場合、電流計の内部抵抗 r_A と測定抵抗 R_x は直列接続の関係になるため、電流計および電圧計の指示値 I、V から求められる回路の抵抗値は

$$\frac{V}{I} = r_A + R_x \tag{7.3}$$

であり、これより R_x は、

$$R_x = \frac{V}{I} - r_A \tag{7.4}$$

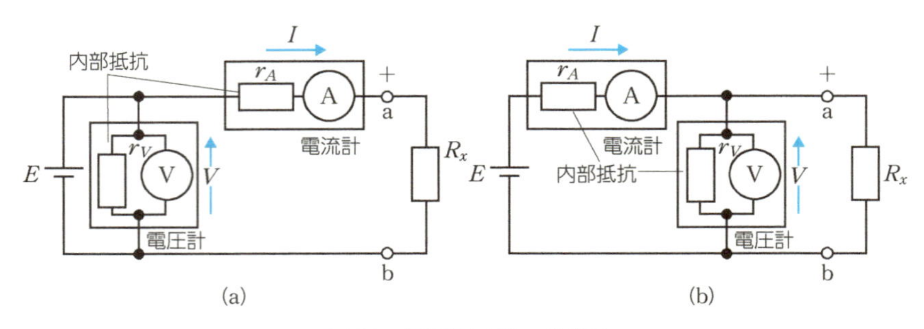

図 7.2　抵抗測定回路の接続例

となる。また、図 (b) の場合は、電圧計の内部抵抗 r_V と測定抵抗 R_x は並列接続の関係になるため、

$$\frac{V}{I} = \frac{1}{\dfrac{1}{r_V} + \dfrac{1}{R_x}} = \frac{r_V R_x}{r_V + R_x} \tag{7.5}$$

であり、これより R_x は、

$$R_x = \frac{V}{I} \cdot \frac{r_V}{r_V - \dfrac{V}{I}} \tag{7.6}$$

となる。したがって、R_x を正確に求めるには、図 (a) の回路で r_A、図 (b) の回路で r_V を測る必要がある。

図 7.2(a) の測定における相対誤差を ε_a とすると

$$\varepsilon_a = \left| \frac{\dfrac{V}{I} - R_X}{R_X} \right| = \left| \frac{(r_A + R_x) - R_X}{R_X} \right| = \frac{r_A}{R_X} \tag{7.7}$$

(b) の測定における相対誤差を ε_b とすると

$$\varepsilon_b = \left| \frac{\dfrac{V}{I} - R_X}{R_X} \right| = \left| \frac{\dfrac{r_V R_x}{r_V + R_x} - R_X}{R_X} \right| = \frac{R_x}{r_V + R_x} \tag{7.8}$$

である。図 7.2(a)、(b) のどちらの回路で測定するかは、これらの相対誤差で検討できる。測定器の性質から、電流計の内部抵抗 r_A は小さく、電圧計の内部抵抗 r_V は大きい。したがって、おおよその内部抵抗値が分かれば、$R_X > \sqrt{r_A r_V}$ となる比較的大きい抵抗 R_X の測定では、ε_b より ε_a の方が小さく見積もれるため (a) の回路が適しており、$R_X < \sqrt{r_A r_V}$ となる比較的小さい抵抗 R_X の測定では、ε_a より ε_b の方が小さく見積もれるため (b) の回路が適している。内部抵抗値が正確に測定できる場合は、どちらの回路でも測定値を補正して抵抗値を求めることができる。

例題 7.1

図 7.2(a) の回路において、内部抵抗 $r_A = 5\,\Omega$ の電流計で被測定抵抗 R_x に流れる電流を測定したところ、$I = 50\,\text{mA}$ であった。電圧 $V = 3\,\text{V}$ としたとき、R_x の値を求めなさい。

解答

図 7.2(a) の場合、抵抗値は次の式で求められる。

$$R_x = \frac{V}{I} - r_A$$

ここで、$r_A = 5\,\Omega$、$I = 50\,\text{mA}$、$V = 3\,\text{V}$ なので、

$$R_x = \frac{3}{50 \times 10^{-3}} - 5 = 60 - 5 = 55\,\Omega$$

となる。

7.3 低抵抗の測定

一般に測定器と、測定対象となる被測定抵抗とは、図 7.2 に示したように、2 本のリード線と接点とを介して接続される。このような接続方法を **2 線式**（two wire method）あるいは **2 端子法**（two terminal method）などという。これらのリード線や接点にも数〜数十 mΩ の抵抗値が存在し、測定される抵抗値に含まれるが、被測定抵抗の値が大きい場合は無視できる。しかし、被測定抵抗値が mΩ オーダのような低抵抗の場合、リード線や接点などの抵抗値が無視できなくなり、誤差の要因となる。そこで、低抵抗を測定する場合は、図 7.3 に示すように、電圧測定と電流測定の端子を分け、4 本のリード線と接点で接続する方法を用いる。このような接続方法を **4 線式**（four wire method）あるいは **4 端子法**（four terminal method）などという。前述したように、電圧計の内部抵抗 r_V は大きいため、電圧測定においてリード線などの抵抗 r_l の影響は小さく、R_x に流れる電流は r_l の影響があっても電流計で測定できる。リード線などによる抵抗の影響を抑えて電圧および電流値が測定できれば、式 (7.2) よ

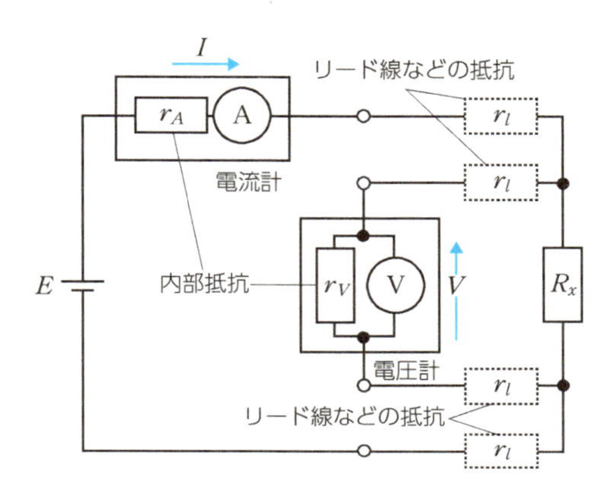

図 7.3　4 端子法による被測定抵抗の接続

り抵抗値を求めることができる。

ブリッジ法による低抵抗測定では、図 7.4 に示す**ケルビンダブルブリッジ**（Kelvin's double bridge）が用いられる。ブリッジとなる比例辺が 2 つあるためダブルブリッジと呼ばれる。

ケルビンダブルブリッジによる抵抗測定では、ホイートストンブリッジと同様に a-b 間の検流計 G に電流が流れないよう各抵抗値を調整し、各抵抗間の関係から被測定抵抗値 R_x を測定する。このとき、平衡条件として次式が成り立つ。

$$Pq = pQ \tag{7.9}$$

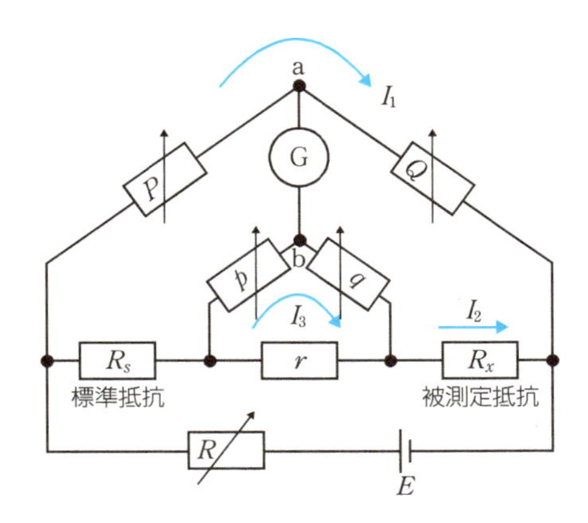

図 7.4　ケルビンダブルブリッジ

7

また、各抵抗での電圧降下の関係から、

$$\left.\begin{aligned} PI_1 &= R_s I_2 + pI_3 \\ QI_1 &= R_x I_2 + qI_3 \\ I_3 &= \frac{r}{p+q+r} I_2 \end{aligned}\right\} \tag{7.10}$$

であり、I_3 の式を上の二つの式に代入してまとめると、

$$\left.\begin{aligned} PI_1 &= R_s I_2 + \frac{pr}{p+q+r} I_2 = \left(R_s + \frac{pr}{p+q+r}\right) I_2 \\ QI_1 &= R_x I_2 + \frac{qr}{p+q+r} I_2 = \left(R_x + \frac{qr}{p+q+r}\right) I_2 \end{aligned}\right\} \tag{7.11}$$

となる。これらの式から R_x を、

$$\begin{aligned} R_x &= \frac{Q}{P} R_s + \frac{Q}{P} \cdot \frac{pr}{p+q+r} - \frac{qr}{p+q+r} \\ &= \frac{Q}{P} R_s + \frac{pr}{p+q+r} \left(\frac{Q}{P} - \frac{q}{p}\right) \end{aligned} \tag{7.12}$$

と表せる。ここで、式 (7.9) より、

$$\frac{Q}{P} - \frac{q}{p} = 0 \tag{7.13}$$

なので、式 (7.12)、(7.13) より、R_x は、

$$R_x = \frac{Q}{P} R_s \tag{7.14}$$

と求めることができる。

7.4 高抵抗の測定

MΩ や TΩ オーダなどの非常に高い抵抗の測定は、電気回路の**絶縁性**（insulation）や絶縁材料の評価、また、微小電流あるいは高電圧の測定などにおいても必要である。

例えば、樹脂やゴムなどの**絶縁体**（insulator）は電気の流れを遮断するため、電気を流したくない箇所の被覆などに使用される。このような絶縁体の劣化な

どにより絶縁不良が起こると漏電が発生し、電気回路の破損などリスクが生じる。絶縁抵抗については「電気設備に関する技術基準を定める省令」58条において、電路の使用電圧により、対地電圧が150 V以下で0.1 MΩ以上、300 V以下で0.2 MΩ以上、300 Vを超えるもので0.4 MΩ以上などと定められている。これらの基準から、実際には1 MΩ以上など、より大きな抵抗値が使われることが多い。

このような高抵抗の測定は、基本的にはこれまでの抵抗測定と同様にオームの法則に基づき、測定対象に対し電圧を印加し電流を測定するか、電流を流し電圧を測定する。しかし、測定する電流もしくは電圧は微少であるため、**漏れ電流**（leakage current、リーク電流）などの影響を考慮する必要がある。漏れ電流とは、湿度などの影響により測定試料表面に付着した汚れや水分を伝わって、本来流れない経路に微量に流れる電流のことである。漏れ電流の対策として**ガードリング**（guard ring、保護環）がある。図7.5のように測定試料を電極とガードリングで挟むことにより、資料表面を流れる漏れ電流はガードリング経由で流れるため、測定電極に影響しない。

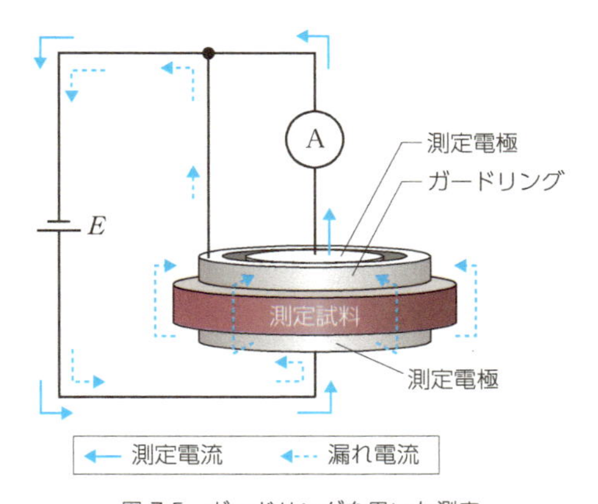

図7.5 ガードリングを用いた測定

電気回路の絶縁性の評価には、**絶縁抵抗計**（insulation resistance testers、ohmmeter）が使われる。絶縁抵抗計は、**メガー**（Megger）や電気抵抗計とも呼ばれる。もともとメガーは商品ブランド名であるが、現在は絶縁抵抗計の代名詞として使われている。絶縁抵抗計に関してはJIS C 1302:2018に定義されている。また、微小電流の測定に用いられるエレクトロメータを用いて絶縁抵抗の測定も可能である。絶縁抵抗測定と同原理のエレクトロメータは、絶縁抵抗測定を目的とした測定器では IR メータなどとも呼ばれる。

7.5 テスタによる抵抗測定

アナログテスタによる抵抗測定では、テスタ内蔵の電源により被測定抵抗に電流を流して電流値を測定し、電源電圧と測定電流値から抵抗値を測定する。なお、アナログテスタでは、それぞれの抵抗測定レンジに対して測定前に 0 点調整（0 Ω 調整）による補正を要する。これは、アナログ表示計器（第 4 章参照）が電流量に応じて指針を駆動する特性から、内部抵抗やレンジ切り替えで生じる電流のバラつきにより基準点が変わるためである。図 7.6 に、アナログテスタによる抵抗測定の概要を示す。

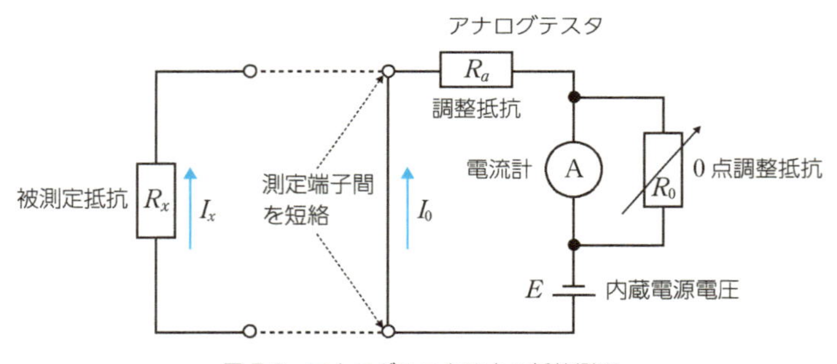

図 7.6　アナログテスタによる抵抗測定

図 7.6 において、$R_a \gg R_0$ であればテスタ内部抵抗を R_a と見なせる。そのため、短絡電流 I_0 は、

$$I_0 = \frac{E}{R_a} \tag{7.15}$$

と表せる。次に、被測定抵抗 R_x を端子に接続すると、R_x に流れる電流 I_x は、

$$I_x = \frac{E}{R_a + R_x} \tag{7.16}$$

となる。電流計の指示値は、短絡電流と被測定抵抗に流れる電流との比で表され、

$$\frac{I_x}{I_0} = \frac{\dfrac{E}{R_a + R_x}}{\dfrac{E}{R_a}} = \frac{R_a}{R_a + R_x} \tag{7.17}$$

より、

$$R_x = R_a \left(\frac{I_0}{I_x} - 1 \right) \tag{7.18}$$

とまとめられる。R_a、I_0 は既知のため、I_x に応じて R_x を求めることができる。

例題 7.2

0 Ω 調整を行い、端子間の短絡電流 $I_0 = 20\,\mathrm{mA}$ であるアナログテスタに被測定抵抗を接続したら、5 mA の電流が流れた。テスタの内部抵抗を $R_a = 30\,\Omega$ とすると、テスタにより測定される抵抗値を求めなさい。

解答

アナログテスタの抵抗測定の原理より、

$$R_x = R_a \left(\frac{I_0}{I_x} - 1 \right)$$

ここで、$R_a = 30\,\Omega$、$I_x = 5\,\mathrm{mA}$ となるため、上式に代入すると、

$$\begin{aligned} R_x &= 30 \left(\frac{20 \times 10^{-3}}{5 \times 10^{-3}} - 1 \right) \\ &= 90\,\Omega \end{aligned}$$

となる。

一方、ディジタルテスタによる抵抗測定では、テスタの内蔵電源により被測定抵抗に一定の電流を流して抵抗両端に生ずる電圧値を測定し、オームの法則に基づき抵抗値を求める。直流定電流の値は、ディジタルテスタの抵抗測定レンジに対して仕様が明記されており、数 mA〜数 nA である。ディジタルテスタの内部抵抗は高いことから精度よく測定でき、また、0 Ω 調整も不要である。

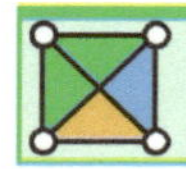

章末問題

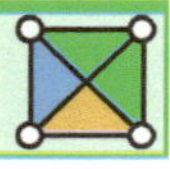

7.1 図 7.2(b) の回路において、内部抵抗 $r_V = 1.0\,\mathrm{k\Omega}$ の電圧計で被測定抵抗 R_x 両端の電圧を測定したところ、$V = 1.0\,\mathrm{V}$ であった。電流 $I = 20\,\mathrm{mA}$ としたとき、R_x の値を求めなさい。

7.2 低抵抗測定における注意点と対処についてまとめなさい。

7.3 高抵抗測定における注意点と対処についてまとめなさい。

7.4 $0\,\Omega$ 調整を行い、端子間の短絡電流 $I_0 = 10\,\mathrm{mA}$ であるアナログテスタに被測定抵抗を接続して測定したところ、抵抗値 $R_x = 120\,\Omega$ が得られた。テスタの内部抵抗が $R_a = 30\,\Omega$ のとき、抵抗 R_x に流れた電流を求めなさい。

第8章 インピーダンスの測定

交流における抵抗成分であるインピーダンスは、純抵抗（R）だけでなく、コイルのインダクタンス（L）やコンデンサのキャパシタンス（C）が、交流の条件によって電流の流れにくさ（リアクタンス）の性質を生じるため、直流における抵抗（Rのみ）と比べてイメージしづらいが、インピーダンスの測定は回路要素がどのような条件で抵抗の性質を示すかを知ることができるため、回路の評価や性能の改善などに役立てられる。また、インピーダンス測定は電気・電子分野の他にも生体、食品、衣料、材料、化学など様々な分野で使われている。例えば、体重計の体組成／体脂肪測定では、被測定者の身体に微弱な電流を流して抵抗成分を測るBI法（bioelectrical impedance analysis：生体電気インピーダンス法）を用いて体組成を推定している。本章では、代表的なインピーダンス測定法について述べる。本章に関連する交流の基本式、インピーダンスや直列共振などについては第3章で述べているので、必要に応じて参照されたい。

8.1 交流ブリッジ

交流ブリッジ（alternating-current bridge、AC bridge）は、ホイートストンブリッジと同じく、零位法によりインピーダンスを測定する手法である。現在では実際に使われることは少ないが、古くからあるインピーダンス測定法で様々な種類が考案されており、原理を知ることはインピーダンス測定の基礎として重要である。

図8.1のような回路において、端子a-b間の電位差を無くし交流の検出器Ⓓの指針がゼロを示す**平衡条件**（equilibrium condition）は、

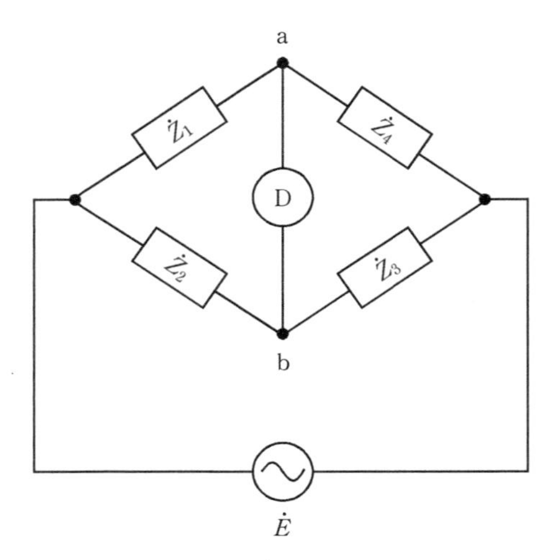

図 8.1　交流ブリッジの基本構成

$$\dot{Z}_1 \dot{Z}_3 = \dot{Z}_2 \dot{Z}_4 \tag{8.1}$$

となる。ここで、各インピーダンス $\dot{Z}_i$ $(i = 1〜4)$ は複素数表示または極表示で

$$\dot{Z}_i = R_i + jX_i = Z_i \angle \theta_i \quad (i = 1〜4)$$

と表せるので、式 (8.1) の両辺は

$$\begin{aligned}
\text{左辺：}\dot{Z}_1 \dot{Z}_3 &= (R_1 + jX_1)(R_3 + jX_3) = (R_1 R_3 - X_1 X_3) + j(R_1 X_3 + R_3 X_1) \\
&= Z_1 \angle \theta_1 \times Z_3 \angle \theta_3 = Z_1 Z_3 \angle (\theta_1 + \theta_3) \\
\text{右辺：}\dot{Z}_2 \dot{Z}_4 &= (R_2 + jX_2)(R_4 + jX_4) = (R_2 R_4 - X_2 X_4) + j(R_2 X_4 + R_4 X_2) \\
&= Z_2 \angle \theta_2 \times Z_4 \angle \theta_4 = Z_2 Z_4 \angle (\theta_2 + \theta_4)
\end{aligned}$$

となり、平衡条件は、複素数表示であれば両辺の実部、虚部がそれぞれ等しく

$$\left.\begin{aligned}
\text{実部：}\quad R_1 R_3 - X_1 X_3 &= R_2 R_4 - X_2 X_4 \\
\text{虚部：}\quad R_1 X_3 + R_3 X_1 &= R_2 X_4 + R_4 X_2
\end{aligned}\right\} \tag{8.2}$$

または、極表示であれば両辺のインピーダンスの大きさ、位相角がそれぞれ等しく

$$\left.\begin{array}{ll}\text{インピーダンスの大きさ：} & Z_1Z_3 = Z_2Z_4 \\ \text{位相角：} & \theta_1 + \theta_3 = \theta_2 + \theta_4\end{array}\right\} \quad (8.3)$$

と表せ、式 (8.2) あるいは (8.3) の条件を満たす必要がある。ここで、$\dot{Z}_4$ を被測定インピーダンスとすると、

$$\dot{Z}_4 = \frac{\dot{Z}_1\dot{Z}_3}{\dot{Z}_2}$$

よりインピーダンスを求められる。

実際には、被測定インピーダンス以外のインピーダンスの条件を整え、その条件下で測定を行う。例えば、2つのインピーダンスを純抵抗とすることで、平衡条件の比や積を定数として扱うことができる。交流ブリッジには、測定するインピーダンスに応じて、次のような種類がある。交流ブリッジのいくつかの構成例を図 8.2 に示す。また、測定器のスイッチの切り替えとダイヤル調整により R、L、C の測定機能を一台にまとめた万能ブリッジもある。

- 交流抵抗測定：　コールラウシュブリッジなど
- 自己インダクタンス測定：　マクスウェルブリッジ、アンダーソンブリッジ、オーウェンブリッジ、ヘイブリッジなど

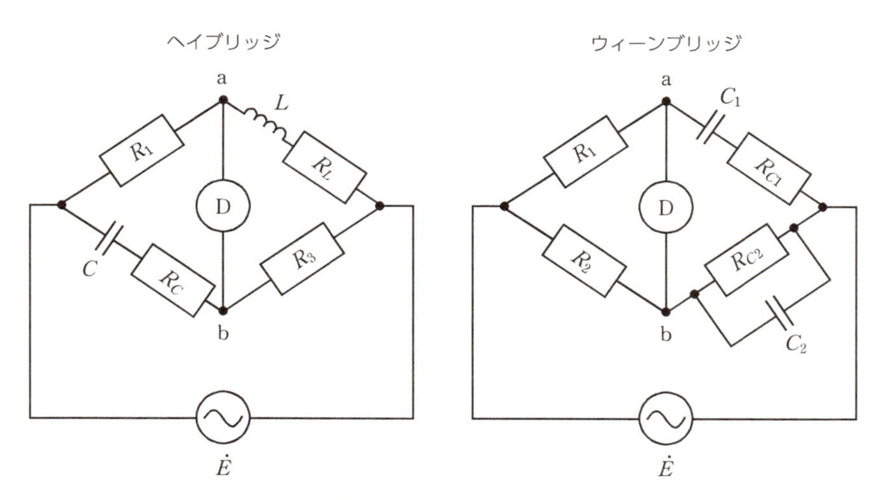

図 8.2　交流ブリッジの例

- 相互インダクタンス測定：　ヘビサイドブリッジなど
- 静電容量測定：　ウィーンブリッジ、シェーリングブリッジなど

例題 8.1

図 8.3 に示すマクスウェルブリッジの平衡条件を求めなさい。また、被測定インピーダンスが、① L-R_L 直列接続部の場合、② C-R_C 並列接続部の場合について、それぞれ L と R_L、C と R_C を平衡条件から式で求めなさい。

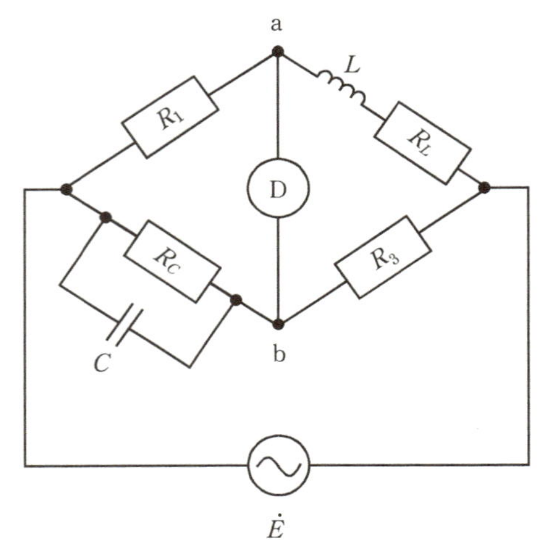

図 8.3　マクスウェルブリッジ

解答

L-R_L 直列接続部のインピーダンスは、

$$R_L + j\omega L$$

また、C-R_C 並列接続部は、アドミタンスが

$$\frac{1}{R_C} + j\omega C$$

であるので、インピーダンスは

$$\frac{1}{\dfrac{1}{R_C}+j\omega C}=\frac{R_C}{1+j\omega CR_C}$$

と表せる。これより平衡条件は、

$$R_1R_3=(R_L+j\omega L)\left(\frac{R_C}{1+j\omega CR_C}\right)$$

となる。

平衡条件の式から、① L-R_L が被測定インピーダンスの場合、

$$R_L+j\omega L=R_1R_3\left(\frac{1+j\omega CR_C}{R_C}\right)=\frac{R_1R_3}{R_C}+j\omega CR_1R_3$$

より、コイルのインダクタンス L と損失 R_L は、それぞれ

$$L=CR_1R_3$$

$$R_L=\frac{R_1R_3}{R_C}$$

として求められる。

また、② C-R_C が被測定インピーダンスの場合、コンデンサのキャパシタンス C と損失 R_C は、

$$\frac{1}{R_C}+j\omega C=\frac{(R_L+j\omega L)}{R_1R_3}=\frac{R_L}{R_1R_3}+j\frac{\omega L}{R_1R_3}$$

より、それぞれ

$$C=\frac{L}{R_1R_3}$$

$$R_C=\frac{R_1R_3}{R_L}$$

として求められる。

交流ブリッジは古くからあるインピーダンス測定法だが、平衡状態にする操作に熟練が必要、周波数により**浮遊容量**（stray capacitance）の影響が生じる、

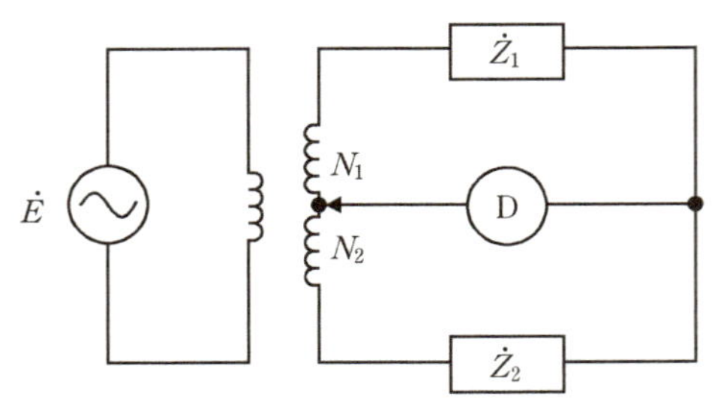

図 8.4　変成器ブリッジ

などの問題がある。こうした問題を解決する方法として、**変成器**（transformer、トランス）を利用した**変成器ブリッジ**（transformer bridge）がある。変成器ブリッジは、交流ブリッジの 2 辺を変成器で置き換えたものである。

変成器ブリッジでは、$\dot{Z}_1$ 側の電圧と $\dot{Z}_2$ 側の電圧がコイルの巻き数比で決まることから、回路の平衡条件の下で次の式が成り立つ。

$$\frac{\dot{Z}_1}{\dot{Z}_2} = \frac{N_1}{N_2} \tag{8.4}$$

これよりインピーダンスの比は変圧器の巻き数比のみで決まるため、$\dot{Z}_1$、$\dot{Z}_2$ のどちらかを被測定インピーダンスとした場合、式 (8.4) から未知インピーダンスを求められる。

8.2　Q メータ

Q メータ（Q meter）は、RLC 回路の直列共振を利用して回路要素の Q 値を測定する測定器であり、これを用いてインピーダンスの測定が可能である。RLC 回路において特定の周波数でインピーダンスが最小（リアクタンスがゼロ）になる現象を直列共振という。また、回路要素の損失を図 8.5 の等価回路で表したとき、インダクタンスの質の良さ

$$Q_L = \frac{\omega L}{r}$$

キャパシタンスの質の良さ

$$Q_C = \frac{\omega C}{g}$$

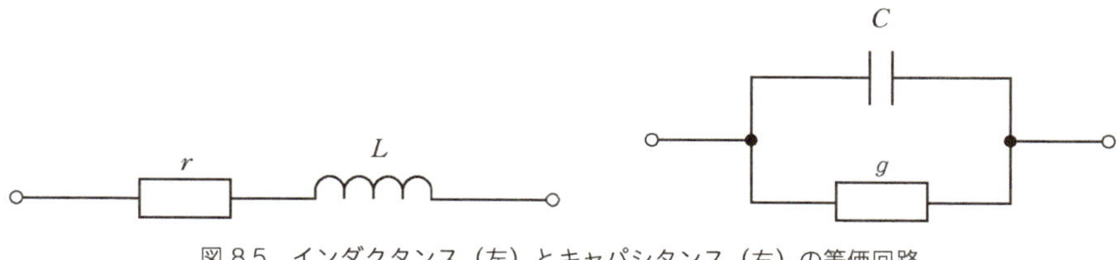

図 8.5　インダクタンス（左）とキャパシタンス（右）の等価回路

と表したものを Q 値といい、Q 値が大きいと損失が少なく質が良い（第 3 章参照）。

Q メータの原理を図 8.6 に示す。ここでは、図の試験コイルのインダクタンス L_x および損失抵抗 R_{Lx} の測定を例とする。発振器（角周波数 ω_0）の出力により、そのときの電流計の値を I とすると、結合抵抗 R_0 の端子電圧

$$E_0 = R_0 I$$

が生じる。その後、ω_0 に合わせて同調コンデンサの端子電圧を最大にすると共振状態になる。共振状態では、C の端子電圧は

$$|\dot{E}_C| = QE_0$$

となるので

$$Q = \frac{|\dot{E}_C|}{E_0}$$

より Q 値を求められる。この場合の Q 値は回路全体の値だが、適切な R_0、C を用いることでコイルの Q 値（実効 Q）として計算できる。また、共振時のリ

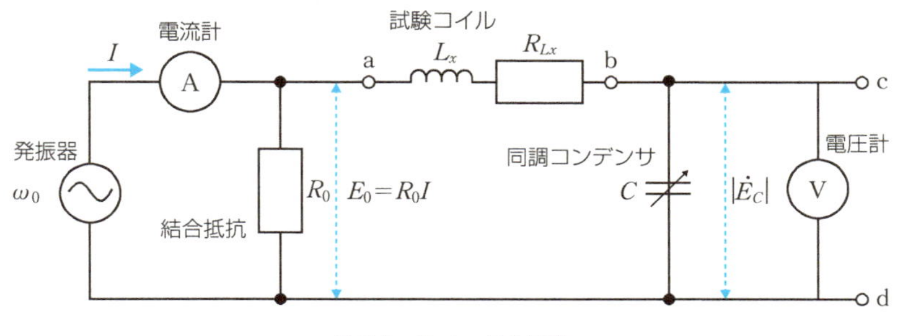

図 8.6　Q メータの原理

アクタンス成分はゼロになることから、

$$\omega_0 L_x - \frac{1}{\omega_0 C} = 0$$

より、インダクタンス L を

$$L_x = \frac{1}{\omega_0^2 C}$$

で求められる。また、コイルの Q は

$$Q = \frac{\omega_0 L_x}{R_{Lx}} = \frac{1}{\omega_0 C R_{Lx}}$$

であるので、

$$R_{Lx} = \frac{1}{\omega_0 C Q} = \frac{E_0}{\omega_0 C |\dot{E}_C|}$$

となる。

コンデンサのキャパシタンスは、大きさにより測定方法が異なる。キャパシタンスが小さい場合、図 8.6 の端子 a-b 間にインダクタンス L の補助コイルを接続し、同調コンデンサを調整して共振させる。このときのキャパシタンスを C_1 とする。このとき、

$$\omega_0 L - \frac{1}{\omega_0 C_1} = 0$$

となる。次に、キャパシタンス C の被測定コンデンサを端子 c-d 間に接続し、再度同調させたときのキャパシタンスを C_2 とすると、

$$\omega_0 L - \frac{1}{\omega_0 (C_2 + C)} = 0$$

となる。これらの式より、被測定コンデンサのキャパシタンス C_x は

$$\omega_0^2 C_1 L = \omega_0^2 (C_2 + C_x) L = 1$$

から C_1 と C_2 の差

$$C = C_1 - C_2$$

で求められる。

キャパシタンスが大きい場合は、図 8.6 の端子 a-b 間にインダクタンス L の補助コイルを接続し、同調コンデンサを調整して共振させる。このときのキャ

パシタンスを C_1 とする。次に、端子 a-b 間に、被測定コンデンサを図 8.7 のように被測定コンデンサを接続し、再度同調させたときのキャパシタンスを C_2 とすると、

$$C_x = \frac{C_1 C_2}{C_1 - C_2}$$

で求められる。

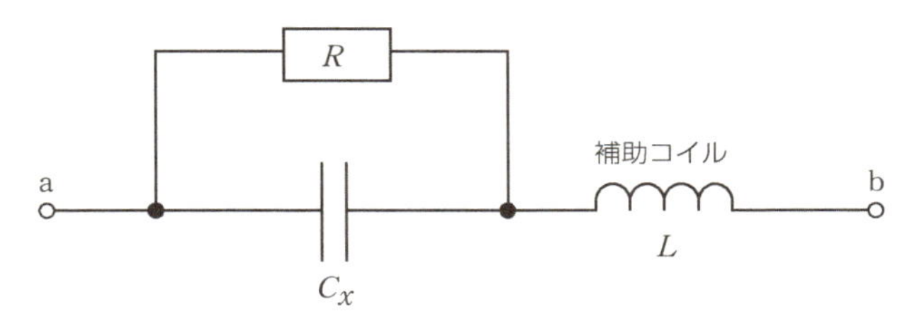

図 8.7　キャパシタンスの測定

例題 8.2

Q メータに未知コイルを接続し、周波数 $f = 1$ MHz で測定したところ、$C = 30$ pF のとき電圧計が最大値を示した。

(1) コイルのインダクタンス L_x はいくらか。

(2) $Q = 70$ のときコイルの抵抗分 R_{Lx} はいくらか。

解答

$$L_x = \frac{1}{\omega_0^2 C} = \frac{1}{(2\pi f)^2 C}$$

より、

$$L_x = \frac{1}{(2\pi \times 1 \times 10^6)^2 \times 30 \times 10^{-12}} \approx 844\ \mu\text{H}$$

また、

$$R_{Lx} = \frac{1}{\omega_0 C Q} = \frac{1}{2\pi f C Q}$$

より

$$R_{Lx} = \frac{1}{2\pi \times 1 \times 10^6 \times 30 \times 10^{-12} \times 70} \approx 75.8\ \Omega$$

8.3 LCR メータ

交流ブリッジや Q メータによる測定は測定器の操作に熟練を要するが、**LCR メータ**（LCR meter）は、それらに比べ簡単な操作で精度良くインピーダンスを測定できる測定器である。LCR メータの原理として**自動平衡ブリッジ法**（auto-balancing bridge method）と高周波に対応した **RF I-V 法**（radio frequency current-voltate method）がある。

自動平衡ブリッジ法は、図 8.8 に示す**オペアンプ**（**演算増幅器**、operational amplifier）の反転増幅器を応用している。

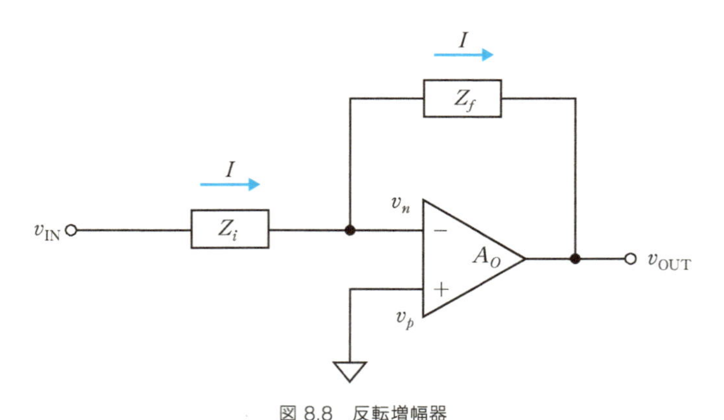

図 8.8　反転増幅器

オペアンプは、次のような理想オペアンプの性質に近くなるよう、トランジスタ増幅回路を用いて設計されている素子である。

- 入力インピーダンスが無限大
- 出力インピーダンスがゼロ
- 電圧利得 A_O が無限大

反転増幅器の入出力関係は図 8.8 の記号を用いると、オペアンプの入力インピーダンスが非常に大きいことから、$\dot{Z}_i$ に流れる電流 I は $\dot{Z}_f$ に流れると考え、次式が成り立つ。

$$I = \frac{v_{\mathrm{IN}} - v_n}{\dot{Z}_i} = \frac{v_n - v_{\mathrm{OUT}}}{\dot{Z}_f} \tag{8.5}$$

ここで、オペアンプは差動増幅器であり、オペアンプの基本式

$$v_{\mathrm{OUT}} = A_O(v_p - v_n)$$

から

$$v_n = v_p - \frac{v_{\mathrm{OUT}}}{A_o}$$

と変形すると、$A_O \to \infty$ より $v_n = v_p$（**仮想短絡**、virtual short）、また、$v_p = 0$ より $v_n = v_p = 0$（**仮想接地**、virtual ground）と見なせる。仮想接地から $v_n = 0$ なので式 (8.5) から

$$\frac{v_{\mathrm{IN}}}{Z_i} = -\frac{v_{\mathrm{OUT}}}{Z_f} \tag{8.6}$$

という式が得られる。

図 8.9 に自動平衡ブリッジの原理を示す。反転増幅器の負帰還により、端子 b の電位がゼロになるよう出力電圧が自動的に調整されるため、$\dot{Z}_x$ の端子電圧のみを考慮すればよく、式 (8.6) から

$$\frac{\dot{V}_{\mathrm{IN}}}{\dot{Z}_x} = -\frac{\dot{V}_{\mathrm{OUT}}}{R_s}$$

となる。したがって、被測定インピーダンス $\dot{Z}_x$ は、$\dot{V}_{\mathrm{IN}}$ と $\dot{V}_{\mathrm{OUT}}$ の比（振幅比と位相差）を測定することで

$$\dot{Z}_x = -\frac{\dot{V}_{\mathrm{IN}}}{\dot{V}_{\mathrm{OUT}}} R_s$$

として求められる。基本的には端子 b を基準電位にできればよいので、オペアンプを使わずに端子電圧の測定値から交流信号源を制御する方法などもある。

RF I-V 法は、図 8.10 のように、広帯域の電流検出トランスの 2 次電圧に基づき、インピーダンスを測定する方法である。交流信号源から被測定インピー

8

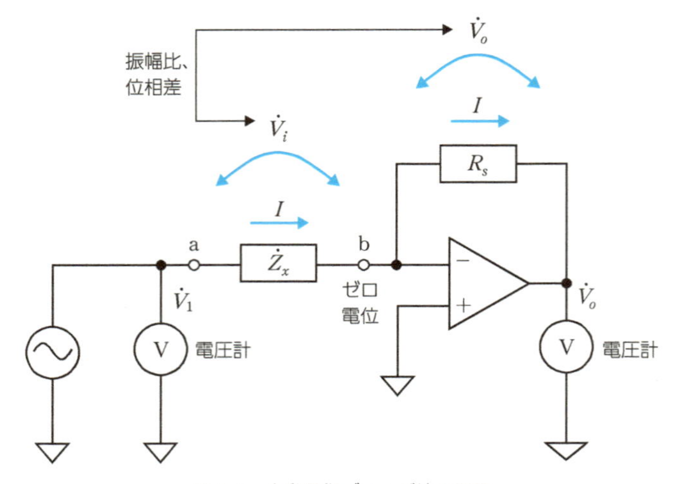

図 8.9　自動平衡ブリッジ法の原理

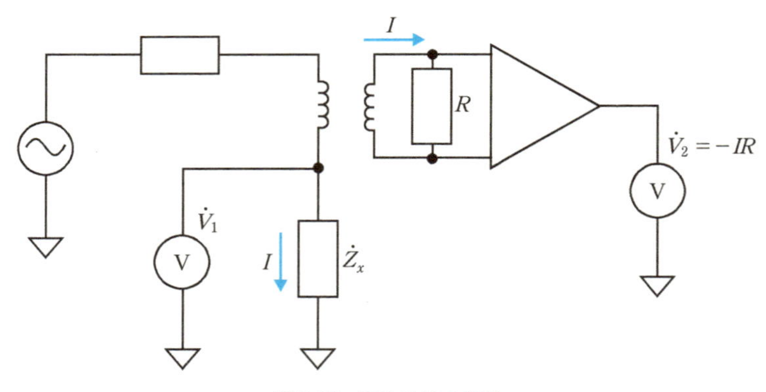

図 8.10　RV I-V 法の原理

ダンス Z_x に流れる電流を I、そのときの電圧が V_1 であるとすると

$$\dot{V}_1 = I\dot{Z}_x$$

となる。電流 I は、電流検出トランスを介して電圧に変換され

$$\dot{V}_2 = -IR = -\frac{\dot{V}_1}{\dot{Z}_x}R$$

の電圧 V_2 を生じる。以上の関係から、インピーダンスは

$$\dot{Z}_x = -\frac{\dot{V}_1}{\dot{V}_2}R$$

と求められる。RF I-V 法は動作原理がシンプルであり、広い周波数範囲で安定した測定が可能である。

測定器によって異なるが、実際の LCR メータでは回路はより複雑であり、また、被測定インピーダンス素子に接続する治具やリード線などによる電圧降下などの影響を軽減するために、接続方法として複数の入出力端子を設けて信号源と検出用の経路を工夫する、端子に **BNC コネクタ**（bayonet Neill–Concelman connector）を用いるなどの方法が取られている。接続方法には、測定器や測定対象により、二端子法、三端子法、四端子法、五端子法、四端子対法などがある。被測定インピーダンス素子を LCR メータなどに接続するために、**テストフィクスチャ**（test fixture）と呼ばれる治具や**テストリード**（test lead）などが用いられる。

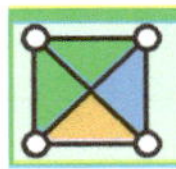

章末問題

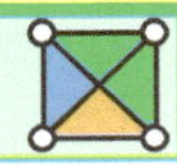

8.1 インピーダンス測定において、測定誤差となる主な要因について調べなさい。

8.2 図 8.2 のヘイブリッジの平衡条件を求めなさい。また、求めた平衡条件から、L-R_L を未知インピーダンスとしたときの L と R_L の式を求めなさい。

8.3 図 8.10 の RF I-V 法方式の LCR メータで、$\dot{V}_1 = V_1\angle\theta_1$、$\dot{V}_2 = V_2\angle\theta_2$ のとき、インピーダンス $\dot{Z}_x = Z_x\angle\theta_{Zx}$ の Z_x、θ_{Zx} を求めなさい。

第9章 センサ

生活中に感じる温度や音、歩行中の位置や速度といった個人が感じ取れる様々な情報がある。我々人間にはこのような情報を読み取る感覚器官が備わっている。しかし、他者に正確かつ具体的な情報を伝えるのは困難である。そのため、このような情報を定量的にかつ電子的に読み取るためにセンサが使われる。本章ではこのセンサについて紹介する。

9.1 センサの基礎

9.1.1 センサ

我々人間は視覚、聴覚、嗅覚、味覚、触覚などの感覚器によって得た外界の情報を脳へ伝達するために電気信号に変換する。このように、ある外界の情報を物理量（主に電気信号）に変換し、出力する素子や装置が**センサ**（sensor）である。五感というセンサがあることによって、人間はその情報に基づいて行動することができるように、機械もセンサによって得られた情報に基づいて制御される。例えば、エアコンが室温を一定に保つためには、実際の室温の情報がなければならない。

センサは対象に現れる変化を利用することによって、多種多様な現象を変換することができる。物理現象の変化を利用した**物理効果**や化学物質に対する特異的な反応を利用した**化学効果**、微生物などの生体物質の変化を利用した**生物効果**がある。

9.1.2 センサの種類

人間の五感で得ることができる外界情報に対するセンサは、表 9.1 のような種類がある。ここに掲げたセンサはある特定（座標、周波数、物質）の変化を捉えるものであり、五感のように複雑に多様な情報を捉えることはできない。それを実現するには、人間の感覚器と同じように、多次元的に配置する必要がある。例えば、視覚はある 1 箇所の光を捉えるだけでなく、片目で平面の外界を認識できる。センサも光センサを平面に並べることで画像として外界を認識できるようになる。

表 9.1　五感に対応したセンサ

五感	測定量	センサ名	デバイス例
視覚	光	光センサ	フォトダイオード／赤外線センサ
聴覚	音波	音響センサ	マイク／圧電素子
触覚	圧力／温度	振動センサ	超音波センサ／加速度センサ
		温度センサ	焦電センサ
		力センサ	ひずみゲージ
味覚	味物質	味センサ	粒子センサ
嗅覚	匂い物質	匂いセンサ	生化学素子

また、センサは表 9.2 のように人間の五感で感じることができないような外界情報も取得できる。

表 9.2　五感に対応しないセンサ

測定量	センサまたはデバイス例
距離	光センサ／超音波センサ／近接スイッチ／加速度センサ
磁気	ホール素子／ MR 素子
放射線	ガイガーカウンター
濃度	CO2 センサ

9.1.3 センサの分類

センサはシステムの感覚器に当たる。システムを管理するためには、外部（外界）と内部（内界）の状態を測る必要がある。それぞれを**外界**（external）**センサ**と**内界**（internal）**センサ**と呼ぶ。外界センサは、人間の五感のようにシステムと外界の境界に設置され、外界と協調するために用いられる。その例として、光センサによる画像撮影や温度センサによる室温測定、距離センサによる測距が挙げられる。また、内界センサは、人間の健康診断のようにシステム内部の健康度を測るために用いられる。その例として、光センサによるエンコーダや電流センサや電圧センサによる回路状態測定、加速度センサによる位置推定が挙げられる。

2 つ目に、センサの測定原理に基づき分類できる。測定原理には受動と能動があり、それぞれを利用したセンサを、**受動センサ**と**能動センサ**と呼ぶ。受動センサは測定対象が発する信号を受けることでその状態を測る。例えば、光を受ける光センサや熱の伝搬による温度センサが受動センサに該当する。一方で、能動センサは測定対象へセンサ自身が信号を発することでその状態を測る。例えば、超音波の伝搬時間に基づく距離センサや赤外線受光の遮断によって侵入を判定する赤外線センサが能動センサに該当する。

3 つ目に、測定対象に触れる、触れないという接触に基づき分類できる。測定方法により分類したセンサを、**接触センサ**と**非接触センサ**と呼ぶ。接触センサは測定対象に触れて測定対象の状態を測る。例えば、測定対象表面の形や粗さを測る変位センサや物体とセンサの間にかかる力や圧力を測る力センサが接触センサに該当する。一方で、非接触センサは測定対象に触れることなく測定対象の状態を測る。例えば、傷による距離の変位を測る超音波センサや、熱分布や距離分布を測る光センサが非接触センサに該当する。

9.2　センサと測定原理

ここでは、代表的なセンサとして、光センサ、温度センサ、超音波センサ、加速度センサについて解説する。

9.2.1　光センサ

光センサは、可視光や赤外光といった光を吸収して電子を放出する現象である光電効果を利用したセンサである。その中でも**光起電力効果**を応用したフォトダイオードやフォトトランジスタ、太陽電池などや、**光誘導効果**を応用した CdS セルなどがある。

フォトダイオード

フォトダイオードは図 9.1 に示すように、半導体の p-n 接合部に光が照射されると起電力が生じて電流が流れるという効果、光起電力効果を利用している。フォトダイオードだけでなく、整流ダイオードにも p-n 接合があることから、整流ダイオードは光を遮断するパッケージに収められている。フォトダイオードは効率的に光を電流へ変換できるように p 形半導体を薄くした作りになっている。p-n 接合部の面積が小さいほど応答性が高いが、感度が低い。反対にその面積を大きくするほど感度が高まるが、応答性は低くなる。感度と応答性にトレードオフの関係がある。

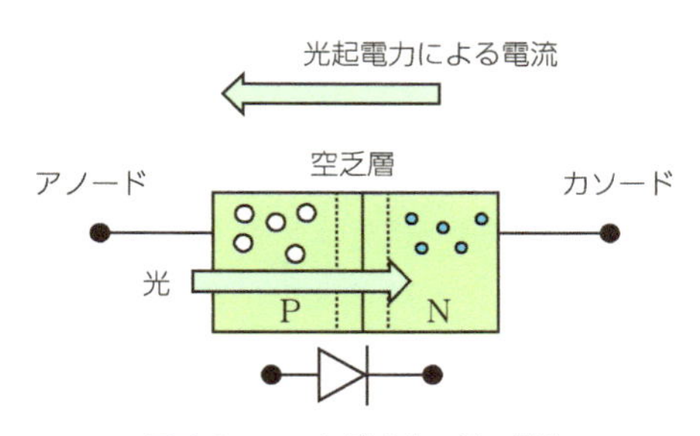

図 9.1　フォトダイオードの構造

フォトダイオードの利点として、応答性と線形性が挙げられる。そのため、照度計や光通信に用いられる。また欠点として、出力電流が小さいため増幅するための増幅回路が必要である。そこで、フォトダイオードとトランジスタによる増幅を一つの素子に収めたフォトトランジスタがある。それぞれ、図 9.2 のような回路記号で描かれる。

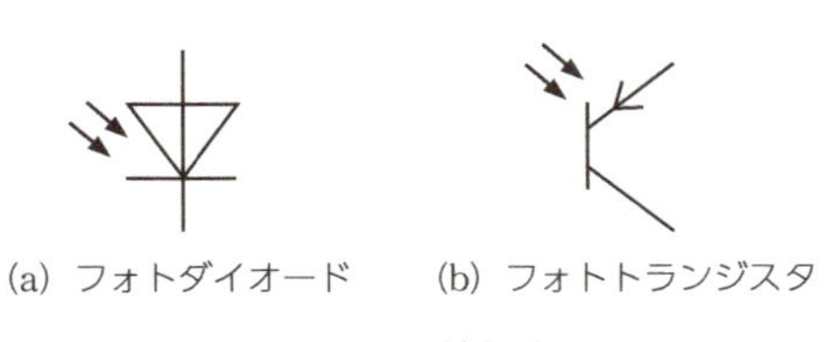

(a) フォトダイオード　(b) フォトトランジスタ

図 9.2　回路記号

CdS セル

CdS セルは光の照射によって誘電率が変化することによって抵抗値が変化する光誘電効果を利用したセンサである。可視光の波長に対して高感度であるため、街灯の自動点灯などに利用される。硫化カドミウム（CdS）を用いた半導体素子であることから、RoHS の規制対象である。そのため、CdS セルを用いた製品は欧州連合に輸出できない。CdS セルの回路記号は図 9.3 のような記号である。

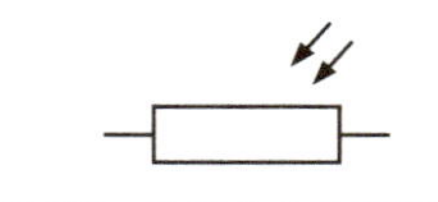

図 9.3　CdS セルの回路記号

9.2.2 温度センサ

温度センサには接触センサのサーミスタ、熱電対、測温抵抗体や非接触センサの赤外線センサなどがある。サーミスタは直接、測定対象の温度を測ることができる。しかし、熱エネルギーの移動があるため、小さく温度変化しやすい測定対象には適さない。一方で赤外線センサは熱源が発する赤外線を測る。非接触であるため、測定対象にセンサの影響を及ぼさないが、測定対象の反射率などの影響を受け測定結果が変化してしまう。ここでは、代表的なサーミスタについて説明する。

サーミスタは温度変化に対して抵抗値が変化するような性質を持つ半導体素子であり、図 9.4 の回路記号で描かれる。抵抗値が温度変化に対して大きく変化するようにニッケルやコバルトなどの酸化物半導体を用いる。この温度変化は線形にならず、次のような式で表される。

$$R = R_0 \exp\left(B\left(\frac{1}{T} - \frac{1}{T_0}\right)\right) \tag{9.1}$$

ここで、R_0 [Ω] は温度 T_0 [K] における基準抵抗値であり、一般的に 25 ℃における抵抗値が用いられる。B [K] は**サーミスタ定数**といい、サーミスタの変化の割合を示すパラメータである。この式からサーミスタは温度が上昇するほど、その抵抗値が低下する。

サーミスタは安価であり、基準抵抗値付近の温度範囲では変化が大きいため

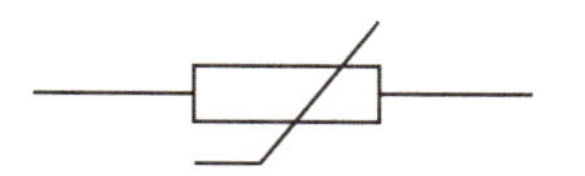

図 9.4　サーミスタの回路記号

高精度に温度を測定可能である。しかし、非線形であるため、広範囲に及ぶ温度測定は難しい。これに対し、測温抵抗体は白金の温度上昇に対して抵抗値が線形に増加するという特性を応用することで、線形に温度を測定できる。

9.2.3 超音波センサ

超音波センサは、20 kHz 程度以上の周波数の音波を用いて測定対象までの距離を測るセンサである。図 9.5 のように、センサのトランスミッタから放射した音波が測定対象に当たってセンサのレシーバに戻るまでの時間を測ることでその距離を測る。

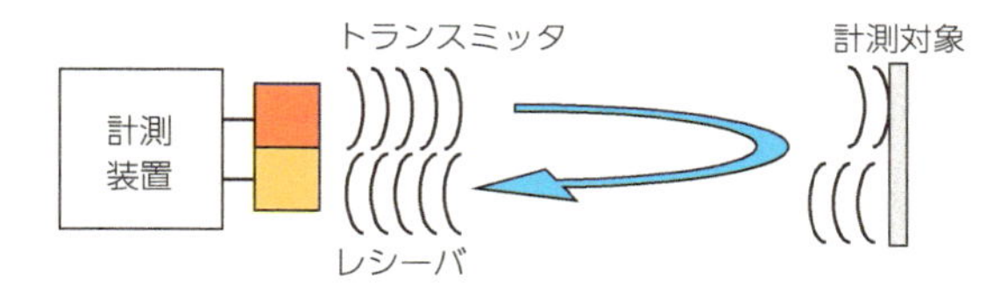

図 9.5　超音波センサの測定方法

空気中の音速は次式で表すことができる。

$$V = 331.45 + 0.60714T \tag{9.2}$$

ここで V [m/s] は音波の伝搬速度であり、T [℃] は伝搬する空間の温度である。この音速と送信から受信までの時間差 t [s] を用いて、測定距離 L [m] は次のように計算できる。

$$L = \frac{Vt}{2} \tag{9.3}$$

9.2.4 加速度センサ

加速度センサは、ばね定数 k [N/m] のばねに吊り下げられた質量 m [kg] の物体の変位 x [m] に基づき次のニュートンの運動方程式を解くことによって加速度を出力する。

$$F = ma = kx$$
$$\Rightarrow a = \frac{kx}{m} \tag{9.4}$$

これによって加速度 a [m/s^2] が得られる。1 つのバネで下げるだけでなく、図 9.6 のように、複数の方位から物体を吊ることで、3 次元空間に対する加速度を測定することができるようになる。この変位を半導体で測る方法として、変位のひずみによって半導体の抵抗値が変化する**ピエゾ抵抗素子**や同様の変化によって電荷が生じる**ピエゾ圧電素子**を用いる方式、変位による電極間の静電容量の変化を利用した**静電容量式**がある。

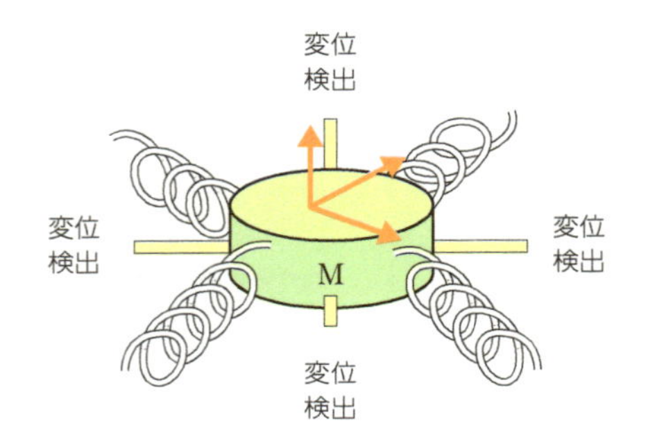

図 9.6　多次元の変位を観測するための加速度センサ

半導体内にバネやアクチュエータといった機械要素部品を構築し、センサなどの電子要素部品と一緒にパッケージングする **MEMS**（Micro Electro Mechanical Systems）技術の発展により、数 mm 程度の大きさで加速度センサを実現している。

9.3 センサ情報の取り扱い

9.3.1 センサの出力方式

センサの多くは半導体素子であるため、電気的な出力が得られる。その代表的な出力方式である、図 9.7 の**接点出力**、**抵抗出力**、**電圧出力**、**電流出力**について説明する。

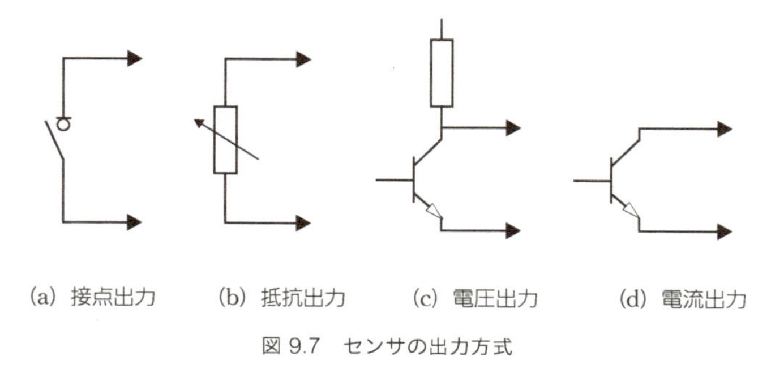

図 9.7 センサの出力方式

接点出力

近接スイッチやマイクロスイッチなど接触と非接触を判定するようなセンサに用いられる出力方式である。センサに流れる電流や、両端の電圧を測ることでセンサの状態を測ることができる。電圧や電流を加えるときは直列抵抗によって、センサに流す電流を制限する必要がある。

抵抗出力

CdS セルやサーミスタなどのセンサの抵抗が変化する出力方式である。センサに流れる電流や定電流源を与えたときの電圧を測ることでセンサの状態を測ることができる。

電圧出力

加速度センサや超音波センサなど、センサ内で信号処理されるようなセンサに用いられる出力方式である。電圧として出力されるため、電圧計で測るか、第 11 章で解説する AD 変換器を用いることで、コンピュータやマイコンに取り込むこともできる。

電流出力

接点出力や電圧出力と類似した構成になっており、**オープンコレクタ**とも呼ばれる。この方式はトランジスタのコレクタが出力に当たるため、電圧出力のように使用者がコレクタ抵抗と電源を接続することでそこに流れる電流を調整できる。出力電圧を調整できるため、センサの駆動電圧と使用者のシステム電圧が異なるときに有効な出力である。

9.3.2 センサの特性

センサに入力された物理量などの情報 x_{input} とセンサによって変換された電気信号 x_{output} の間の関係、つまり、センサの入出力特性は次の通りである。

$$x_{\text{output}} = f(x_{\text{input}}) \tag{9.5}$$

この特性に従うセンサの入出力特性から図 9.8 のような関係が得られたとし、センサを特徴づける代表的な特性について説明していく。

分解能

センサが認識可能な測定対象の情報の最小変化を意味する。図 9.8 の点線のように滑らかに変化するのが理想であるが、分解能によって、認識できない微小な変化が階段状に現れる。センサ自体の限界もあるが、雑音や出力を読み取る際の分解能も影響する。

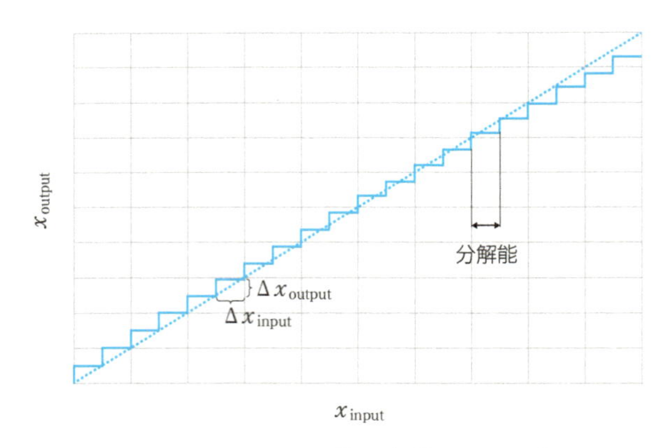

図 9.8　センサの入出力特性（破線は理想特性）

感度

入出力の変化量の比を**感度** k といい、次式で表される。

$$k = \frac{\Delta x_{\text{output}}}{\Delta x_{\text{input}}} = \frac{\Delta f(x_{\text{input}})}{\Delta x_{\text{input}}} \tag{9.6}$$

微小な入力の変化を測るためには大きな感度が必要である。一方で、電圧などの出力範囲が限られている場合に広い入力範囲をカバーするためには、小さい感度が必要である。

線形性

我々がセンサに求めることは、センサが出力した信号からセンサに入力された情報を得ることである。そのため、式 (9.5) の逆関数を用意することが重要である。その際、入出力関係が比例関係にあること、つまり、**線形性**があることが最も適している。この関係が得られるように、線形性のあるセンサの利用や、出力信号の補正、ルックアップテーブルによる入出力対応表を用いる。これによって、センサに入力された情報を得ることができるようになる。

処理時間とサンプリング周期

超音波センサなどの能動センサでは、センサが自身の発した信号を取得するまで、処理のための時間を要する。このように、センサが情報を収集し、出力するまでの**処理周期**を考慮する必要がある。システムの処理頻度にも影響を与える。

また、光センサ（特にカメラ）などでは、情報を取得する頻度が一定になるように、動作する。これを**サンプリング周期**と呼ぶ。サンプリング周期を速くすることで細かい時間間隔で多くのデータを取得できるが、情報の精度が低下する場合がある。

9.3.3 システム内のセンサ情報

センサはシステムの五感に当たるということを説明した。そのため、測定対象に対してどこに何個のセンサを設置するかという**規模**と**密度**の観点に基づきセンサを利用する必要がある。

複雑なシステムになるほど、複数の多種多様なセンサを利用することになる。その際、センサによってサンプリング周期が異なると、センサ情報の取得時間がそれぞれのセンサによって変わってくる。時間的な誤差を考慮した情報の**整合性**をとらなければならない。また、センサの誤差や誤報といった信頼性についても考慮したシステム開発が求められる。

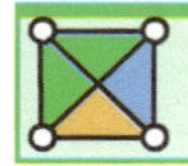

章末問題

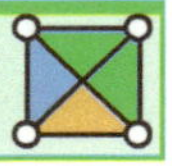

9.1 室内で我々が心地よく過ごすために、どのような情報が必要か考えなさい。

9.2 屋外で超音波センサを使って測定対象との距離を測った結果、50 ms でセンサの信号を受信した。測定対象との距離を求めなさい。ただし、屋外の気温は 30 ℃とする。

9.3 基準温度 25 ℃における基準抵抗 1 kΩ、サーミスタ定数 2000 K のサーミスタを 26 ℃の室温に放置した際の抵抗値を求めなさい。

9.4 フォトダイオードの出力方式を答えなさい。

9.5 フォトダイオードとフォトトランジスタの感度の関係を考えなさい。

9.6 複数の超音波センサを並べ、段差を検出するようなシステムを開発したい。このシステムでセンサ情報を利用するときの注意すべき点を考えなさい。

第10章 アナログ信号処理

現代のセンサはその情報を電気的に取得することが多い。したがって、センサの信号は電気回路に搭載された抵抗器、インダクタ（コイル）やキャパシタ（コンデンサ）といった受動素子の影響を受ける。本章では、これらの受動素子が及ぼす影響とその特性を利用したフィルタといった信号処理方法について述べる。

10.1 周波数に対するインピーダンス

受動素子、抵抗 R やインダクタンス L、キャパシタンス C で構成された回路を考える。これら素子の中でも、L と C は図 10.1 のように、角周波数 ω に対するインピーダンスの変化がある。そのため、L や C が含まれる回路に対して

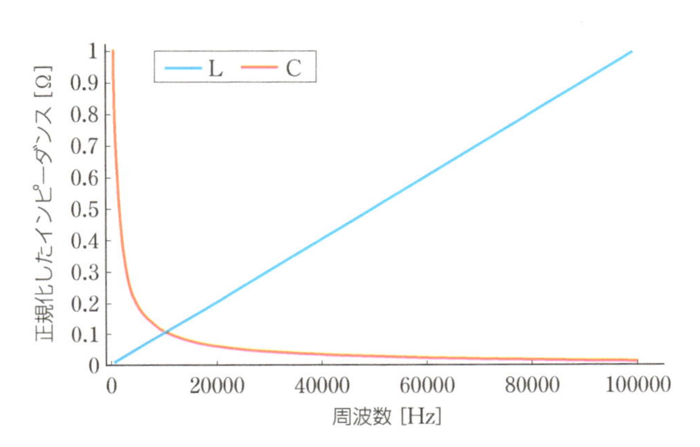

図 10.1　周波数に対する L と C のインピーダンス

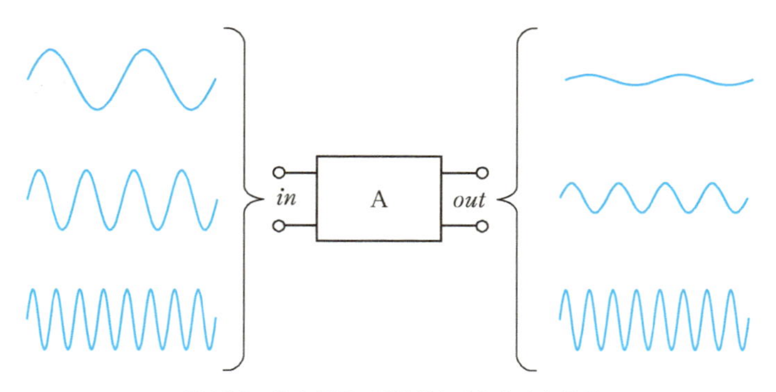

図 10.2　入力信号の周波数に応じた出力信号

異なる周波数の信号が入力されると、図 10.2 のように入力された周波数に応じて信号の振幅や位相が変化する。この性質を利用することで、例えば、ある周波数以上のノイズを除去、必要な信号が含まれる周波数帯だけを抽出することができる**フィルタ**が利用できる。

10.2　伝達関数

周波数応答のように、ある回路（システム）の入出力の挙動を表すために**伝達関数**を用いる。入出力の関係が簡単な場合として、図 10.3(a) のような抵抗だけの静的な回路を考えてみる。入力信号 $x(t)$ と出力信号 $y(t)$ の関係は時間領域 t で次のように表現できる。

$$y(t) = f(t) \cdot x(t) \tag{10.1}$$

この $f(t)$ が回路の伝達を表す。図 10.3(a) のように抵抗の分圧に基づくことができれば、$f(t) = y(t)/x(t)$ より $f(t)$ は定数になるため、さまざまな入力信号に対応できる。しかし、図 10.3(b) のようにキャパシタが回路に入ると入力信号の時間的変化（周波数）に対応する $f(t)$ が一意に定まらず、時間領域のみの表現では対応できない。

伝達関数は多様な入力信号に対する回路の動きを表現できるように、s 領域（s は $\sigma + j\omega$ のような複素数）に基づく表現を用いる。

$$Y(s) = F(s) \cdot X(s) \tag{10.2}$$

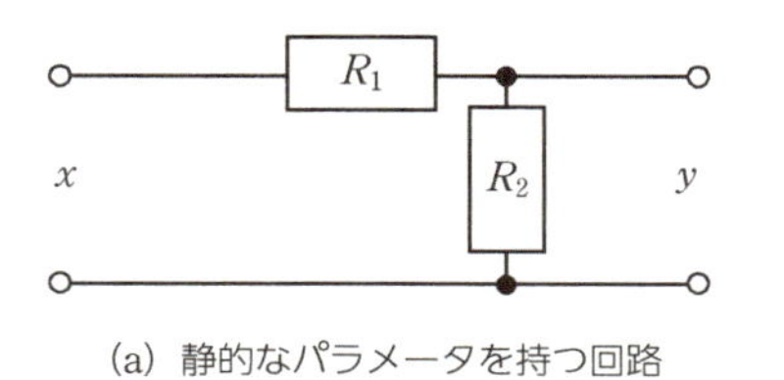

(a) 静的なパラメータを持つ回路

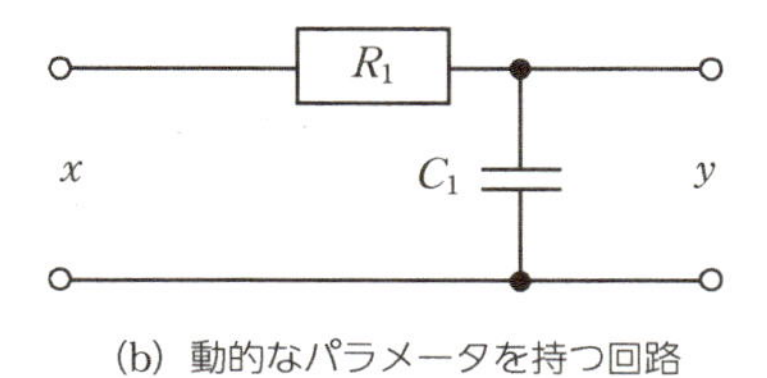

(b) 動的なパラメータを持つ回路

図 10.3 信号を伝達する回路

ここで、$X(s)$ と $Y(s)$ は s 領域の入力と出力信号であり、$F(s)$ が伝達関数である。

10.3 ラプラス変換と逆ラプラス変換

時間領域から s 領域へ変換するために**ラプラス変換**を用いる。ラプラス変換は次の式で定義される。

$$F(s) = \mathscr{L}[f(t)] = \int_0^{\infty} f(t)e^{-st}dt \tag{10.3}$$

ここで、積分区間に焦点を当てると、0 以降を対象にしている。これは、あらゆる事象が初期状態からの変化として考えることができるためである。したがって、$f(t)$ に対して定数を適用するには、図 10.4 のような単位ステップ関数に基づき入力する。これは、ある電子回路に電源を投入するような操作を意味し、次のように定義される。

$$f(t) = \begin{cases} 1; & t \geq 0 \\ 0; & t < 0 \end{cases} \tag{10.4}$$

この関数に対してラプラス変換を適用してみると次のようになる。

$$F(s) = \mathscr{L}[f(t)] = \int_0^{\infty} 1 \cdot e^{-st}dt = \left[-\frac{e^{-st}}{s}\right]_0^{\infty} = \left(-\frac{1}{\infty}\right) - \left(-\frac{1}{s}\right) = \frac{1}{s} \tag{10.5}$$

このように直接解くのが基本であるが実用的でない。そのため、代表的な時間関数と s 関数に対する表 10.1 のような変換表があるため、この対応表に当てはめて解く。合わせて、関数に対する変換の性質を表 10.2 に示す。この表から分

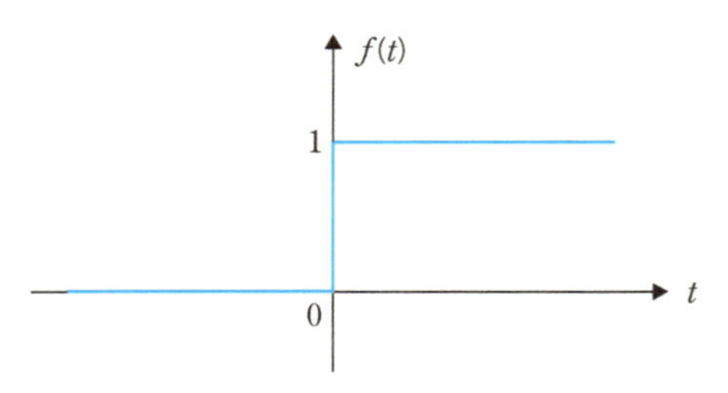

図 10.4　単位ステップ関数の例

かるように、$f(t)$ の時間微分のラプラス変換は $F(s)$ に s を乗じ、$f(t)$ の時間積分のラプラス変換は $F(s)$ に $1/s$ を乗じる。そのため、s は微分を意味する。

ラプラス変換した s 領域から時間領域に戻すためには、**逆ラプラス変換**を用いる。逆ラプラス変換は次のように定義される。

$$f(t) = \mathscr{L}^{-1}[F(s)] = \lim_{\omega\to\infty} \frac{1}{2\pi j} \int_{\sigma-j\omega}^{\sigma+j\omega} F(s)e^{st}ds \tag{10.6}$$

ここで、σ は実数の定数である。$F(s)$ について、分母分子が s に関する多項式で構成されている有理関数である場合を考える。この条件では上記の式を使って直接解くのではなく、部分分数分解し、各項を表 10.1 や表 10.2 のラプラス

表 10.1　代表的なラプラス変換表

アナログ信号 $x(t)$	ラプラス変換 $X(s)$
$\delta(t) = \begin{cases} \infty & ; t = 0 \\ 0 & ; t \neq 0 \end{cases}$	1
$u(t) = \begin{cases} 1 & ; t \geq 0 \\ 0 & ; t < 0 \end{cases}$	$\dfrac{1}{s}$
$e^{\lambda t}u(t) = \begin{cases} e^{\lambda t} & ; t \geq 0 \\ 0 & ; t < 0 \end{cases}$	$\dfrac{1}{s-\lambda}$
$\sin(\omega t)u(t) = \begin{cases} \sin(\omega t) & ; t \geq 0 \\ 0 & ; t < 0 \end{cases}$	$\dfrac{\omega}{s^2+\omega^2}$
$\cos(\omega t)u(t) = \begin{cases} \cos(\omega t) & ; t \geq 0 \\ 0 & ; t < 0 \end{cases}$	$\dfrac{s}{s^2+\omega^2}$
$e^{\lambda t}\sin(\omega t)u(t) = \begin{cases} e^{\lambda t}\sin(\omega t) & ; t \geq 0 \\ 0 & ; t < 0 \end{cases}$	$\dfrac{\omega}{(s-\lambda)^2+\omega^2}$
$e^{\lambda t}\cos(\omega t)u(t) = \begin{cases} e^{\lambda t}\cos(\omega t) & ; t \geq 0 \\ 0 & ; t < 0 \end{cases}$	$\dfrac{s-\lambda}{(s-\lambda)^2+\omega^2}$

表 10.2　ラプラス変換の性質

アナログ信号 $x(t)$	ラプラス変換 $X(s)$
$\sum_{n=1}^{N} a_n x_n(t)$	$\sum_{n=1}^{N} a_n X_n(s)$
$\frac{dx(t)}{dt}$	$sX(s) - x(0)$ （第 2 項は初期状態）
$\frac{d^n x(t)}{dt^n}$	$s^n X(s) - s^{n-1}x(0) - \cdots - x^{(n-1)}(0)$
$\int_0^t x(\tau)d\tau$	$\frac{1}{s}X(s) + \frac{1}{s}x^{(-1)}(0)$ （第 2 項は初期状態）
$x(t-a)u(t-a) = \begin{cases} x(t-a) & ;t \geq a \\ 0 & ;t < a \end{cases}$	$e^{-as}X(s)$

変換表に当てはめてラプラス逆変換する。

s 領域の伝達関数は逆ラプラス変換によって時間解析ができる他に、s を $j\omega$ とすることによって周波数に対する伝達関数の応答、周波数応答を解析できる。つまり、伝達関数は時間と周波数に対して解析できる。

ラプラス変換と逆ラプラス変換の利用について次の微分方程式を例に説明する。

$$2\frac{di(t)}{dt} + 4i(t) = 1; \quad i(0) = 0 \tag{10.7}$$

この式から $i(t)$ の一般解を求めていく。まず、ラプラス変換を適用すると、

$$(2sI(s) - i(0)) + 4I(s) = \frac{1}{s} \tag{10.8}$$

$I(s)$ について整理すると、

$$I(s) = \frac{1}{s(2s+4)} \tag{10.9}$$

右辺の形では適用できる逆ラプラス変換はないので、**部分分数分解**を施す。

$$I(s) = \frac{1}{4}\left(\frac{1}{s} - \frac{1}{(s+2)}\right) \tag{10.10}$$

これによって、各項が逆ラプラス変換可能な形になったため、表に基づき逆ラプラス変換を適用すると、

$$i(t) = \frac{1}{4}(1 - e^{-2t}) \tag{10.11}$$

となる。このように、ラプラス変換を用いることで一般解を求めることができる。

次節からこれら解析の応用例を説明していく。

10.4　パッシブフィルタ

図 10.3(b) に示したように L や C で回路が構成されていると、入力信号に含まれる周波数成分に応じて信号が減衰される。つまり、図 10.5 のように特定の周波数を取り除く（取り出す)、周波数フィルタとして活用することができる。受動素子によるフィルタをパッシブフィルタと呼ぶ。図 10.5 は基本的なフィルタの周波数による伝達特性、**周波数応答関数**を示している。周波数応答関数とは、入力された信号の周波数に応じてシステムが出力する振幅や位相の特性のことである。周波数特性や f 特、f 特性と略されることが多い。それぞれのフィルタには特定周波数の信号を通す通過域とそれ以外を遮断する阻止域、通過域と阻止域の間の遷移域がある。

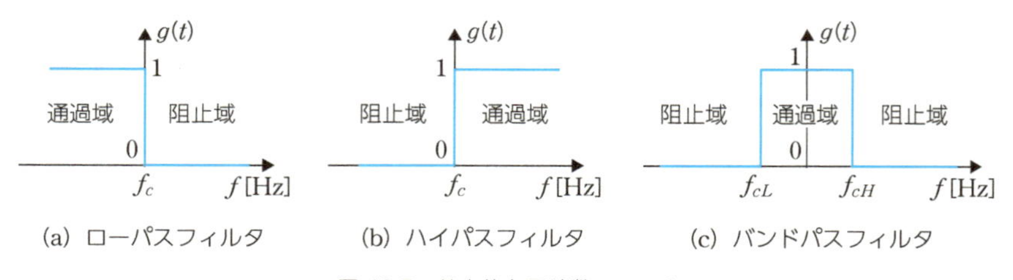

図 10.5　基本的な周波数フィルタ

図示したフィルタの活用事例を挙げると、**ローパス**（低域通過）**フィルタ**はノイズを取り除き、**ハイパス**（高域通過）**フィルタ**はオフセットを取り除く。**バンドパス**（帯域通過）**フィルタ**はラジオやテレビ放送のような特定の周波数帯の信号を抽出する。このように活用できる。

実際のフィルタ構成例を図 10.6 に示す。ローパスフィルタとハイパスフィルタの上段は R と C で構成されており、下段は R と L で構成されている。また、バンドパスフィルタは R、C と R、L（あるいは、R、L と R、C）のローパスフィルタとハイパスフィルタの R を共通利用している構成である。

最初にローパスフィルタとハイパスフィルタの動作について R と C で構成

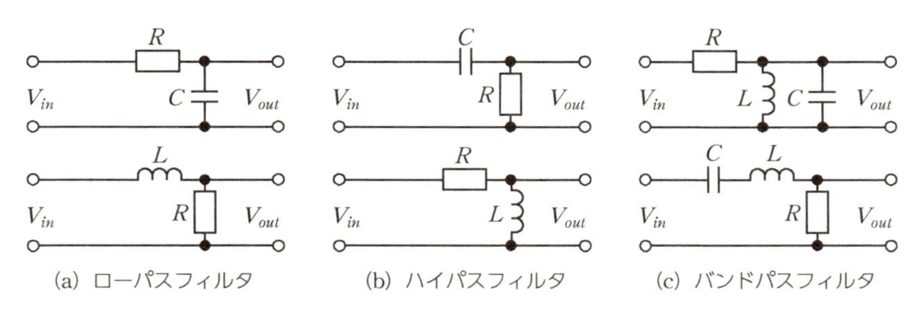

図 10.6 受動素子による周波数フィルタの回路構成

されたフィルタを例に説明する。各素子の s 領域におけるインピーダンスは次のように示される。ただし、電荷や電流の初期条件は 0 とする。

$$\left.\begin{aligned} Z_R(s) &= R \\ Z_L(s) &= sL \\ Z_C(s) &= \tfrac{1}{sC} \end{aligned}\right\} \tag{10.12}$$

これらを用いることで、ローパスフィルタとハイパスフィルタは分圧回路で示される。したがって、RC ローパスフィルタの出力は次のように得られる。

$$V_{out}(s) = \frac{\frac{1}{sC}}{R + \frac{1}{sC}} V_{in}(s) = \frac{1}{1 + sCR} V_{in}(s) \tag{10.13}$$

また、$s = j\omega$ とおいた伝達関数 $G(\omega)$ は次のようになる。

$$G(\omega) = \frac{V_{out}(\omega)}{V_{in}(\omega)} = \frac{1}{1 + j\omega CR} \tag{10.14}$$

この伝達関数には、振幅（ゲイン）$|G(\omega)|$ と位相 $\theta(\omega)$ の情報が含まれるため、それぞれを次のように取り出す。

$$\left.\begin{aligned} |G(\omega)| &= \sqrt{\left(\frac{1}{1 + j\omega CR}\right)^2} = \frac{1}{\sqrt{1 + (\omega CR)^2}} \\ \theta(\omega) &= \tan^{-1}\left(\frac{-\frac{\omega CR}{1+(\omega CR)^2}}{\frac{1}{1+(\omega CR)^2}}\right) = -\tan^{-1}(\omega CR) \end{aligned}\right\} \tag{10.15}$$

なお、位相については、伝達関数を次のように有理化し、実部と虚部から求めた。

$$G(\omega) = \frac{j\omega CR}{1 + j\omega CR} \cdot \frac{1 - j\omega CR}{1 - j\omega CR} = \frac{(\omega CR)^2}{1 + (\omega CR)^2} + j\frac{\omega CR}{1 + (\omega CR)^2} \tag{10.16}$$

フィルタには、通過域と阻止域の境界に当たる周波数、**カットオフ周波数**（遮断周波数）f_c がある。この周波数では、電力が通過域の平坦部分の 1/2 倍に、電圧が $1/\sqrt{2}$ 倍になる。また、デシベルだと通過域の平坦部の電圧から約 3 dB 低下した（−3 dB）地点の周波数になる。つまり、角周波数 ω を $2\pi f$ とおいた、伝達関数の振幅が下記のいずれかを満たす f_c がカットオフ周波数である。

$$\left.\begin{aligned} \frac{1}{\sqrt{2}} = |G(f_c)| &= \frac{1}{\sqrt{1+(2\pi f_c CR)^2}} \\ -3.01\ldots = 20\log_{10}(|G(f_c)|) &= 20\log_{10}\left(\frac{1}{\sqrt{1+(2\pi f_c CR)^2}}\right) \end{aligned}\right\} \tag{10.17}$$

式 (10.17) より、RC ローパスフィルタのカットオフ周波数 f_c は、次のようになる。

$$f_c = \frac{1}{2\pi CR} \tag{10.18}$$

ここまでに求めることができた伝達関数の振幅と位相の特性を図 10.7 に示す。振幅特性は横軸が周波数、縦軸がデシベルで、位相特性は横軸が周波数、縦軸が角度 [deg] あるいは [rad] で示される。振幅特性より、カットオフ周波数よりも低い周波数帯を出力し、高い周波数帯を遮断している。

RC ローパスフィルタと同様の手順で RC ハイパスフィルタの伝達関数、振幅、位相を求めると次のようにまとまる。カットオフ周波数に関しては、RC ローパスフィルタと同様の形である。

$$\left.\begin{aligned} G(\omega) &= \frac{j\omega CR}{1+j\omega CR} \\ |G(\omega)| &= \frac{\omega CR}{\sqrt{1+(\omega CR)^2}} \\ \theta(\omega) &= \tan^{-1}\left(\frac{1}{\omega CR}\right) \end{aligned}\right\} \tag{10.19}$$

最後に、LC が並列に配置されている RLC バンドパスフィルタについて説明する。このフィルタは、RC ローパスフィルタと RL ハイパスフィルタが機能する。LC 並列部分を合成することで分圧回路になるため、伝達関数は次が得られる。

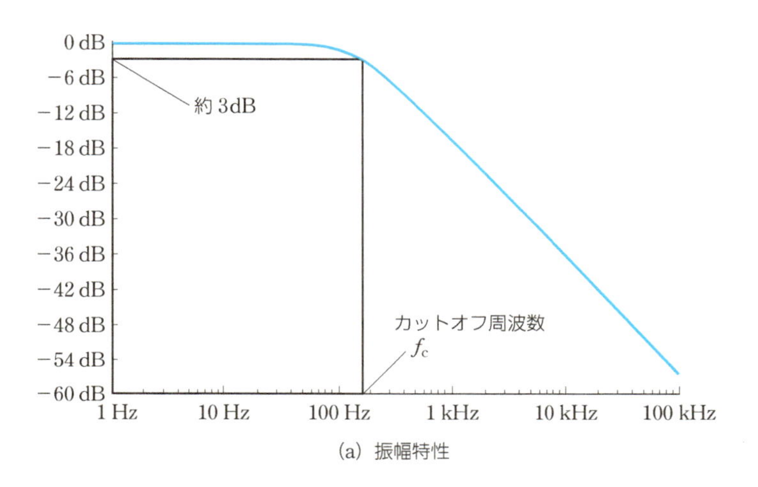

(a) 振幅特性

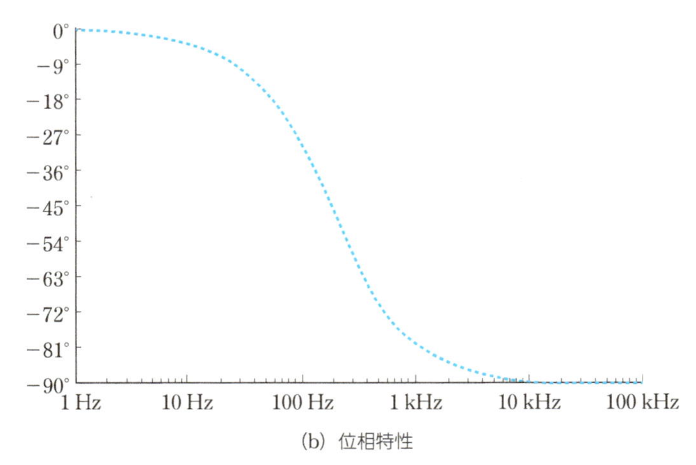

(b) 位相特性

図 10.7　*RC* ローパスフィルタの振幅特性と位相特性

$$G(s) = \frac{\dfrac{\frac{1}{sC} sL}{\frac{1}{sC} + sL}}{R + \dfrac{\frac{1}{sC} sL}{\frac{1}{sC} + sL}} = \frac{s\dfrac{1}{CR}}{s^2 + s\dfrac{1}{CR} + \dfrac{1}{CL}} \tag{10.20}$$

ここで、LC 並列部分は ω_0 で共振する。この周波数はバンドパスフィルタの通過域の中心周波数に当たる。

$$\omega_0 = 2\pi f_0 = \frac{1}{\sqrt{LC}}, \quad f_0 = \frac{1}{2\pi\sqrt{LC}} \tag{10.21}$$

また、通過域の鋭さ（減衰度合い）を表す **Q 値**（Q-value, quality factor）を次のように表す。

$$Q = R\sqrt{\frac{C}{L}} \tag{10.22}$$

上記に示した ω_0 と Q を $G(s)$ に適用し、$s = j\omega$ とすると次の伝達関数が得られる。

$$\left.\begin{aligned} G(\omega) &= \frac{j\omega\frac{\omega_0}{Q}}{-\omega^2 + j\omega\frac{\omega_0}{Q} + \omega_0^2} \\ |G(\omega)| &= \frac{1}{\sqrt{1 + Q^2\left(\frac{\omega^2 - \omega_0^2}{\omega_0\omega}\right)^2}} \\ \theta(\omega) &= -\tan^{-1}\left(Q\left(\frac{\omega^2 - \omega_0^2}{\omega_0\omega}\right)\right) \end{aligned}\right\} \tag{10.23}$$

バンドパスフィルタの振幅特性を図 10.8 に示す。このように、Q の設定によって通過域の幅を設定することができる。また、ある帯域を抽出するため、低域と高域にカットオフ周波数を持つ。カットオフ周波数は、RC ローパスフィルタと RL ハイパスフィルタそれぞれのカットオフ周波数が支配的に作用する。したがって、それぞれのカットオフ周波数は次のように得られ、必要な周波数帯の信号を取り出すことができるようになる。

$$\left.\begin{aligned} f_L &= \frac{R}{2\pi L} \\ f_H &= \frac{1}{2\pi CR} \end{aligned}\right\} \tag{10.24}$$

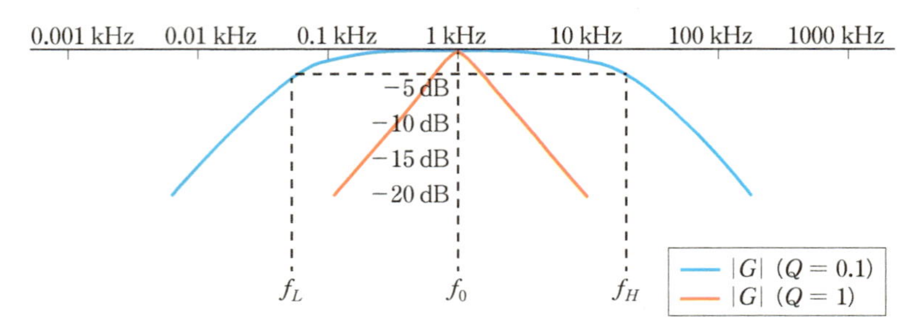

図 10.8　バンドパスフィルタの Q 値によるカットオフ周波数

10.5　過渡応答

受動素子 RLC で構成された回路の出力は、例えば、電源投入によって入力が変化すると安定したスイッチオフの定常状態からスイッチオンの定常状態へと遷移する。この状態遷移の過程を**過渡応答**と呼ぶ。過渡応答は、逆ラプラス変換を用いることによってその様子を解析することができる。

さて、最初に電源回路の主要部品を備えた図 10.9 の回路を例に過渡応答を説明していく。この回路は図 10.6 を見るとローパスフィルタと同じ構成であるが、$t = 0$ で SW がオンになり、回路に電流 $i(t)$ が流れる。回路方程式は次のようになる。ただし、キャパシタに電荷は溜まっていないこととする。

$$Eu(t) = V_R + V_C = Ri(t) + \frac{1}{C}\int_0^{\infty} i(t)dt \qquad (10.25)$$

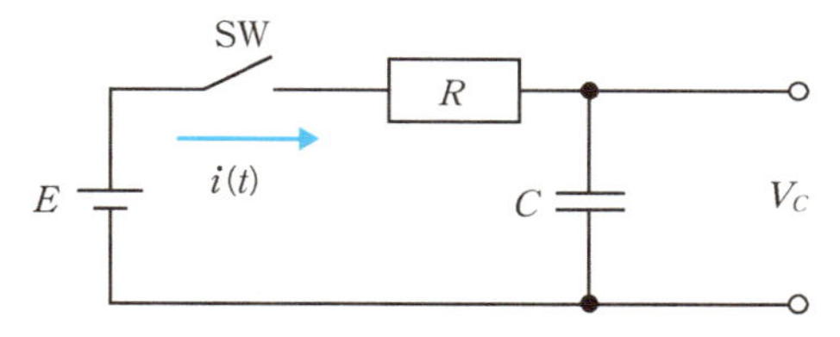

図 10.9　RC 回路に対する電源投入時の過渡応答

これまでに学んだ直流回路理論は、回路が同状態で十分長い時間経ち、回路内部の電圧や電流が定数となった定常状態を扱う。この回路では、C は電流を流さないため、$i = 0$ となり、$V_c = E$ が出力される。しかし、$t = 0$ までは、キャパシタ C には電荷が溜まっておらず、$t = \infty$ では電荷が溜まった状態へ遷移している。したがって、この間に何かしらの状態遷移が生じている。この変化の様子をラプラス変換で解析する。

式 (10.25) の回路方程式をラプラス変換すると、

$$\frac{E}{s} = RI(s) + \frac{1}{C}\left(\frac{1}{s}I(s) + \frac{1}{s}q(0)\right) = RI(s) + \frac{1}{sC}I(s) \qquad (10.26)$$

が得られる。ここで、$q(0)$ は SW をオフにしている期間に蓄えられた電荷であるため 0 になる。回路に流れる電流について解くと、

$$I(s) = \frac{\frac{E}{R}}{s + \frac{1}{CR}} \qquad (10.27)$$

となる。逆ラプラス変換を適用すると、

$$i(t) = \frac{E}{R} e^{-\frac{1}{CR}t} u(t) \tag{10.28}$$

が得られる。

また、回路方程式より出力電圧は、

$$V_c(t) = Eu(t)\left(1 - e^{-\frac{1}{CR}t}\right) \tag{10.29}$$

となる。この電流・電圧の時間変化が過渡応答である。

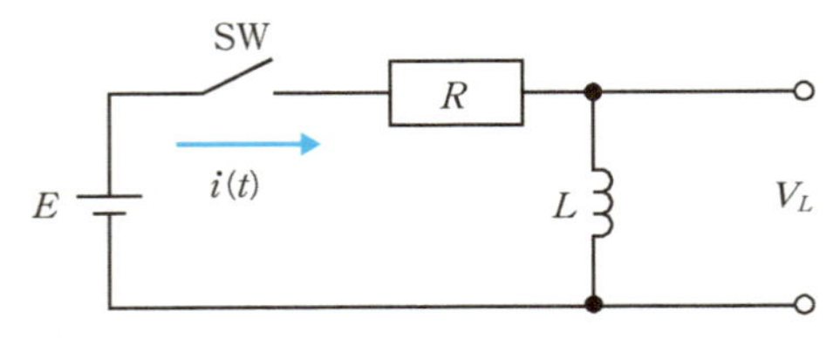

図 10.10　RL 回路に対する電源投入時の過渡応答

続いて、図 10.10 の RL 回路の過渡応答についても解析する。この回路は図 10.6 を見るとハイパスフィルタと同じ構成になっている。この回路方程式は次のようになる。

$$Eu(t) = V_R + V_L = Ri(t) + L\frac{di(t)}{dt} \tag{10.30}$$

ラプラス変換し、回路に流れる電流について解く。

$$\frac{E}{s} = RI(s) + L(sI(s) + i(0)) = RI(s) + sLI(s) \tag{10.31}$$

$$I(s) = \frac{E}{R}\left(\frac{1}{s} - \frac{1}{s + \frac{R}{L}}\right) \tag{10.32}$$

そして、逆ラプラス変換を適用することで、電流と電圧の過渡応答は次のようになる。

$$\left.\begin{aligned} i(t) &= \frac{E}{R}u(t)\left(1 - e^{-\frac{R}{L}t}\right) \\ V_L(t) &= Eu(t)e^{-\frac{R}{L}t} \end{aligned}\right\} \tag{10.33}$$

これらの回路において、過渡状態の変化は e の指数部に依存した速さになる。この変化の度合いを**時定数** τ [s] で表す。時定数は初期状態から次の定常状態へ

遷移する間の $1 - 1/e = 0.632\ldots$ となる過渡状態が 63.2 %進んだ時刻である。したがって、e の指数部分が -1 となる時刻が時定数である。RC と RL 回路の時定数は次のようになる。

$$\left.\begin{aligned} \tau_{RC} &= CR \\ \tau_{RL} &= \frac{L}{R} \end{aligned}\right\} \tag{10.34}$$

これらの時定数からわかるように、受動素子の値が過渡現象の俊敏さに影響を及ぼす。

10.6 オペアンプ

受動素子を用いた周波数フィルタは入力信号を増幅することができないため、微小なセンサ信号のノイズ除去には適さない。これに対して、**オペアンプ**（operational amplifier）を用いることで、増幅とフィルタを同時に設計することができる。オペアンプは非反転入力と反転入力の 2 つの入力端子と 1 つの出力端子を持つ図 10.11 のような回路素子である。

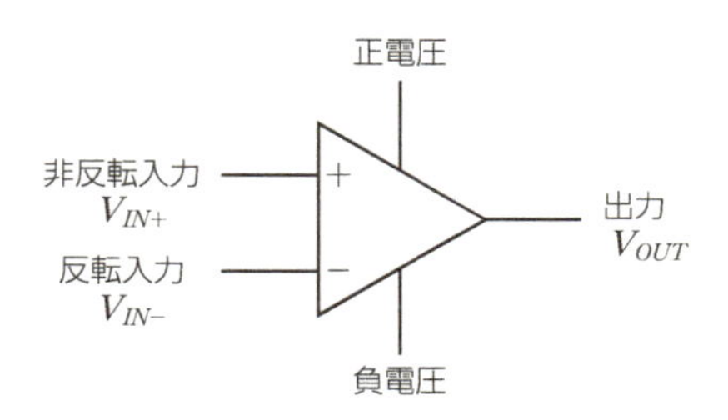

図 10.11　オペアンプの回路図

オペアンプは、次のように、非反転入力端子と反転入力端子の電圧の差を増幅して出力する。これを**オープンループ動作**という。

$$V_{OUT} = A_O(V_{IN+} - V_{IN-}) \tag{10.35}$$

ここで、オペアンプのオープンループゲイン A_O は非常に大きく、増幅率を制御することが難しい。そのため、オペアンプによる回路は負帰還を利用した回路を用いる。

負帰還回路を用いた回路は理想オペアンプの特徴に基づき、設計を進める。その主な特徴は次の通りである。

1. 差動入力に対するオープンループゲイン A_O は無限大
2. 入力インピーダンスは無限大
3. 出力インピーダンスはゼロ
4. 帯域幅は無限大

これらから、入力端子間に電流は流れないが、入力端子間の電圧が等しくなる**仮想短絡**（$V_{\mathrm{IN}+} = V_{\mathrm{IN}-}$）という特徴が現れる。このような特徴に基づき、オペアンプを利用した回路について紹介していく。

10.6.1 バッファ回路

センサの内部抵抗や負荷抵抗によっては、十分にセンサの電圧を得ることができない。このインピーダンス改善のためのバッファを**ボルテージフォロワ回路**という。この回路は図 10.12 のような回路であり、仮想短絡の関係から入出力を次のように導くことができる。

$$V_{OUT} = V_{IN} \tag{10.36}$$

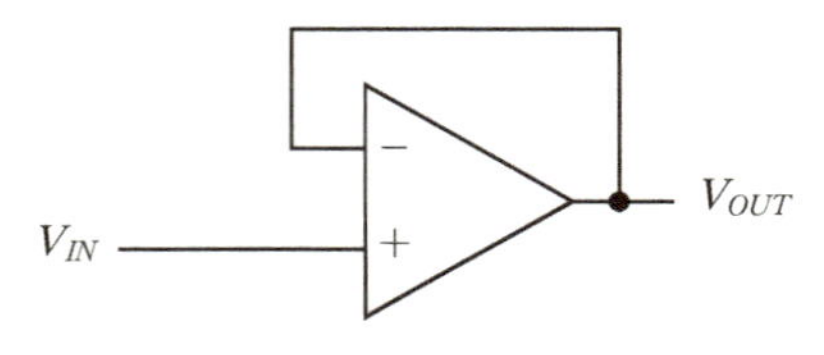

図 10.12　ボルテージフォロワ回路

10.6.2 増幅回路

オペアンプを用いることで、インピーダンスの改善だけでなく、信号を増幅することができる。増幅回路は図 10.13 のように入力信号の振幅を反転して増幅する**反転増幅回路**と入力信号の振幅を反転させず増幅する**非反転増幅回路**が

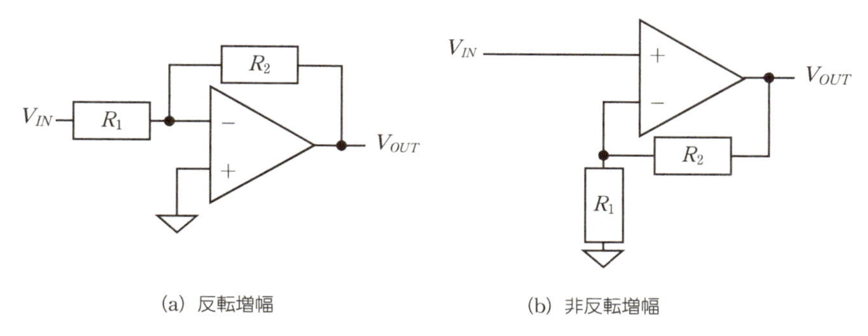

図 10.13 オペアンプを用いた増幅回路

ある。反転増幅回路の入出力は反転入力 V_{IN-} が仮想短絡により 0 V となることから次のように導かれる。

$$V_{OUT} = -\frac{R_2}{R_1}V_{IN} \tag{10.37}$$

また、非反転増幅回路の入出力は反転入力 V_{IN-} が仮想短絡により V_{IN} となることから次のように導かれる。

$$V_{OUT} = \left(1 + \frac{R_2}{R_1}\right)V_{IN} \tag{10.38}$$

これら増幅回路の増幅率を表す係数は抵抗 R_1 と R_2 によって決定されるため、設計が容易である。

10.6.3 アクティブフィルタ

図 10.6 で紹介した受動素子を用いたパッシブフィルタをオペアンプでも構築することができる。これを**アクティブフィルタ**と呼び、図 10.14 のような回路によってローパスフィルタやハイパスフィルタを構築することができる。これらフィルタ回路は、式 (10.37) の抵抗 R_1 と R_2 を周波数に対して変化するインピーダンスとみなすことで、周波数フィルタとして動作する。ローパスフィルタの入出力は次のようになる。

$$V_{OUT} = -\frac{R_2}{R_1}\frac{1}{1 + j\omega C_1 R_2}V_{IN} \tag{10.39}$$

この式より、カットオフ周波数はコンデンサ C_1 と抵抗 R_2、増幅度は抵抗 R_1

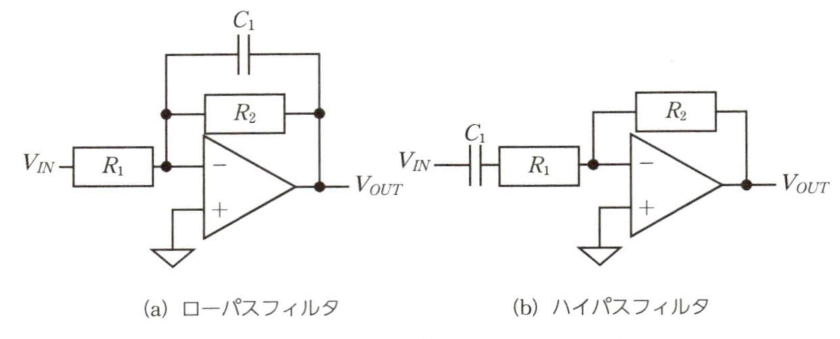

(a) ローパスフィルタ　　(b) ハイパスフィルタ

図 10.14　オペアンプを用いたフィルタ回路

と抵抗 R_2 によって決定される。

続いて、ハイパスフィルタの入出力は次のようになる。

$$V_{OUT} = -\frac{R_2}{R_1}\frac{j\omega C_1 R_1}{1 + j\omega C_1 R_1}V_{IN} \tag{10.40}$$

先述した式 (10.39) と似た係数になっており、カットオフ周波数はコンデンサ C_1 と抵抗 R_1、増幅度は抵抗 R_1 と抵抗 R_2 によって決定される。

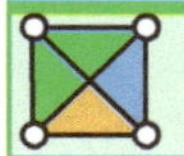

章末問題

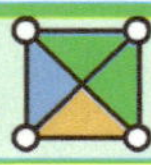

10.1 次の式の過渡応答を求めなさい。

$$\frac{di(t)}{dt} + i(t) = 1; \quad t \geq 0,\ i(0) = 0$$

10.2 次の式の過渡応答を求めなさい。

$$\frac{di(t)}{dt} + i(t) = 1; \quad t \geq 0,\ i(0) = -1$$

10.3 次の式の過渡応答を求めなさい。

$$\int i(t)dt + i(t) = 2; \quad t \geq 0,\ i^{(-1)}(0) = 0$$

10.4 次の式の過渡応答を求めなさい。

$$\int i(t)dt + i(t) = 2; \quad t \geq 0,\ i^{(-1)}(0) = 1$$

10.5 図 10.9 のスイッチが $t=2$ でオンになる。このときの電流の過渡応答を求めなさい。

10.6 図 10.15 のスイッチが $t=0$ でオンになる。このときの電流の過渡応答を求めなさい。ただし、初期電荷や初期電流は 0 とする。

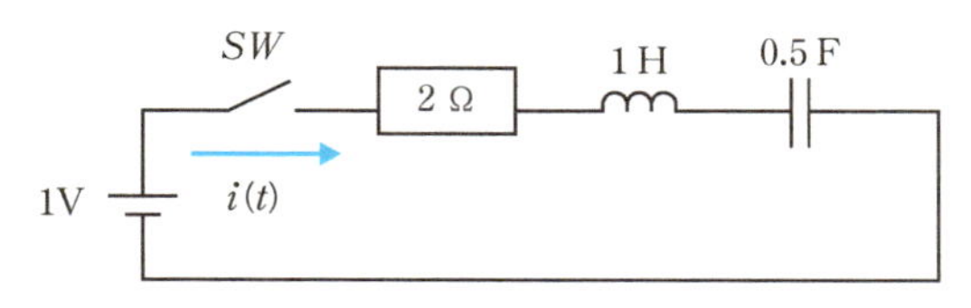

図 10.15　*RLC* 回路

10.7 次の式を逆ラプラス変換しなさい。

$$X(s) = \frac{s-6}{s^2+6s+8}$$

10.8 図 10.6(c) に示したバンドパスフィルタ以外の回路構成を考えなさい。

10.9 オペアンプを用いた反転増幅回路と非反転増幅回路に対して、増幅率の絶対値が 10 倍になるような回路を設計したい。$R_1 = 1\ \mathrm{k\Omega}$ としたとき、R_2 の設計値を求めなさい。

10.10 式 (10.39) のローパスフィルタについて伝達関数を求め、$R_1 = 1\,\Omega$、$R_2 = 1\,\Omega$、$C_1 = 1\,\mathrm{F}$ としたときのカットオフ周波数を求めなさい。

10

第11章 AD/DA変換

センサから得られた信号はその後、制御や処理に利用される。今日において、コンピュータやマイコン、FPGAなど、ディジタル処理を行う機器が用いられる。そのため、センサのアナログ信号をディジタル信号に変換する過程が必要である。そこで、本章はアナログ信号をディジタル信号へ変換する過程とその逆の過程、アナログ–ディジタル変換とディジタル–アナログ変換について述べる。

11.1 アナログ信号とディジタル信号

図11.1のように連続的に変化するデータを可視化したものを**アナログ**といい、値 $x(t)$ を扱う。一方で、連続的に変化するデータを特定の位置で抜き出して離散的な数値で表したものを**ディジタル**といい、数値 x_k を扱う。アナログは値であり、ディジタルは数値あるいは記号（2進数など）で表現される。

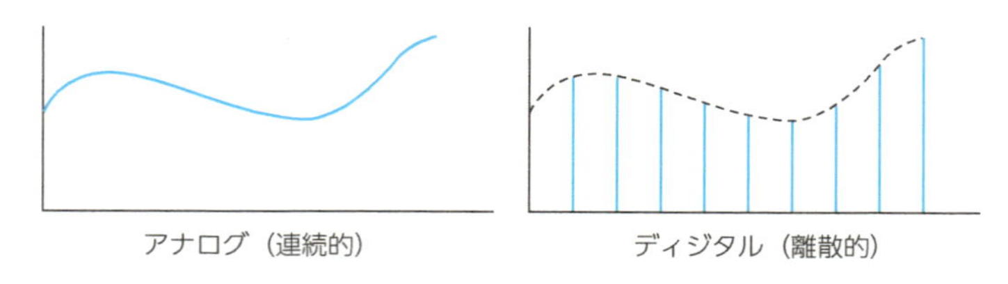

図11.1　アナログとディジタル

アナログ信号は微分積分方程式によって表現され、ディジタル信号は差分方程式によって表現される。例えば、次のような式である。

$$
\left.\begin{array}{ll}
y(t) = \int x(t)dt + 2x(t) + \dfrac{dx(t)}{dt} & \text{アナログ信号} \\
y_k = 0.2y_{k-1} + 0.4x_{k-1} + x_k & \text{ディジタル信号}
\end{array}\right\} \quad (11.1)
$$

アナログ信号は、物理量や指針など量で示される。したがって、アナログ値は本来、正確な数値で表すことができない曖昧な値である。これを人間が数値に変換すると人それぞれによって読み取る値が変わってしまう。それに対して、ディジタル信号はアナログ値をある範囲の数値として扱うことができる。したがって、ディジタル値はより正確な値を表すことができるが、曖昧な値を完璧な数値に変換することはできないため、誤差が生じることに注意したい。

このアナログ値からディジタル値へ変換する過程を**アナログ–ディジタル変換**（AD 変換）と呼び、逆にディジタル値からアナログ値へ変換する過程を**ディジタル–アナログ変換**（DA 変換）と呼ぶ。

11.2 アナログ–ディジタル変換

アナログ値からディジタル値への変換には、図 11.2 のように横軸の離散化と縦軸の離散化の手順が必要である。そのために、アナログ信号を時間（横軸）で離散化するための標本化（あるいはサンプリング）と、標本化した時刻の量（縦軸）を離散化するための量子化を実施する。図中では量子化した数値をグラフとして示しているが、実際は符号として扱う。

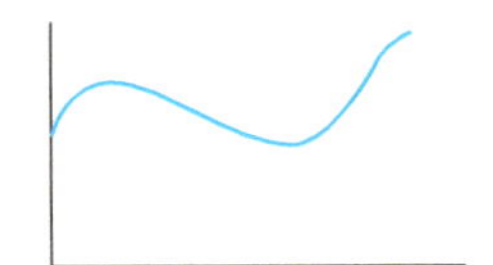
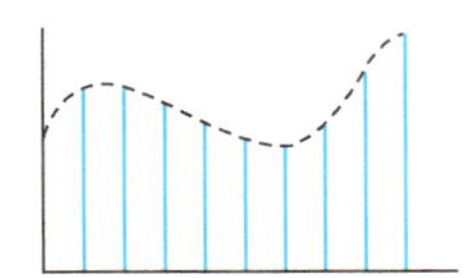
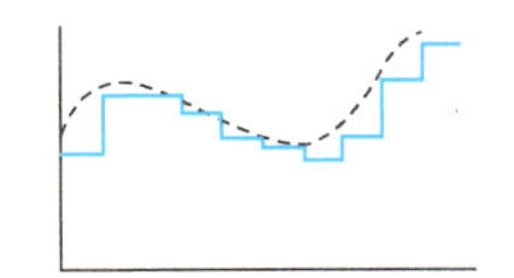

図 11.2 アナログ信号からディジタル信号への変換手順

量子化まで済んだディジタル値はアナログ値に近い値を示すが、等しくない。つまり、変換の過程で情報が欠落している。標本化における影響をエイリアシング、量子化における影響を量子化誤差と呼ぶ。エイリアシングや量子化誤差を小さくするためには、離散化する尺度を小さくし、アナログ値に近い姿を扱うことが必要である。

11.2.1 標本化（サンプリング）とエイリアシング

ディジタル信号からアナログ信号を読み取るために必要なサンプリングの時間間隔は短ければ短いほど良い（サンプリング周波数で考えれば周波数が高ければ高いほど良い）。しかしながら、メモリ容量の制約やサンプリング周波数のハードウェア的制約からアナログ信号の情報を残せる（再現できる）限り、サンプリング数を少なくしたい。この「アナログ信号の情報を残せるサンプリング周波数」は**標本化定理**（サンプリング定理）と呼ばれ、次のように、サンプリング間隔 Δt_s やサンプリング周波数 f_s を満たすことが求められる。

$$\Delta t_s \leq \frac{1}{2f_{\max}}, \quad f_s \geq f_{\max} \tag{11.2}$$

この定理は、「アナログ信号が $f_{\max}$ [Hz] 以下の信号で構成されているのであれば、サンプリング間隔 Δt_s [s]（サンプリング周波数 f_s [Hz]）以下でサンプリングした値にアナログ信号すべての情報が含まれる」ことを意味している。また、$f_{\max}$ は**ナイキスト周波数**とも呼ばれる。

標本化定理を遵守しなければならないことを示すために、周波数領域で説明をする。図 11.3 は間隔 Δt_s（周波数 f_s）でサンプリングした離散信号に含まれる周波数（とその振幅）を示している。このように、サンプリング周波数 f_s の間隔でもとのアナログ信号に含まれる成分が繰り返し現れる特徴がある。したがって、図の (a) のようにサンプリング定理に基づくのであれば、繰り返し現れる周波数成分の各ブロックが重複することはない。しかし、(b) のようにサンプリング定理から外れた高い周波数の信号が入力されてしまうと、各ブロックが重なってしまう**エイリアシング**が発生する。エイリアシングによって、本

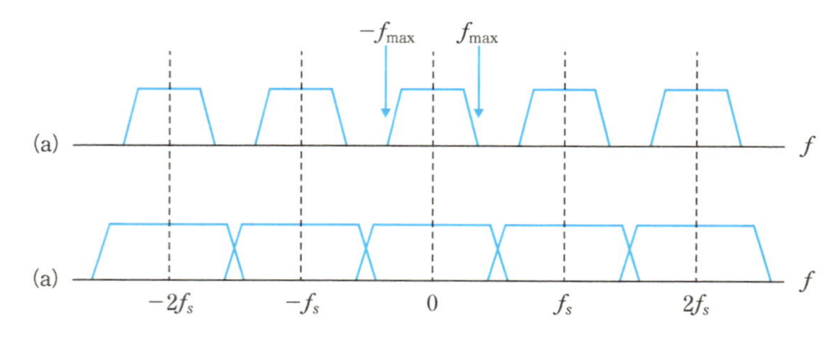

図 11.3　サンプリングした時間離散信号に含まれる周波数成分（上:a、下:b）

来混入するはずのない高周波の信号が折り返して混入してしまう。

サンプリングした信号からもとのアナログ信号を取り出すためには、0 Hz が基準となるブロックを取り出せるようなローパスフィルタ（アンチエイリアシングフィルタ）を通す。

11.2.2 量子化と量子化誤差

標本化された（時間離散した）信号の振幅を離散化することで、アナログ信号からディジタル信号になる。基準となる振幅の間隔で信号の振幅を細分する（測る）ことで数値（符号）にする操作を**量子化**という。ディジタル信号を表現するには2進数が用いられるため、扱う振幅の最大値をビット数 n [bit] のディジタル値で表現可能な最大値 $2^n - 1$ で除算した値が細分化の基準を表す量子化単位 q になる。このビット数を**量子化ビット**と呼ぶ。ビット数が大きくなればなるほどアナログ信号に近似されたディジタル信号を扱うことができるようになる。

例えば、基準電圧 $V_{ref} = 5$ V で信号を量子化ビット 3 bit と 8 bit の条件で量子化したときの量子化単位電圧 q を考える。3 bit の場合 $5/(2^3 - 1)$ より $q =$ 約 710 mV、8 bit の場合 $5/(2^8 - 1)$ より $q =$ 約 20 mV となる。この量子化単位電圧の整数倍で離散化される。図 11.4 のように量子化ビット 3 bit では、離散化した階段が現れているが、8 bit まで拡張するとアナログ信号に近い形状になっている。

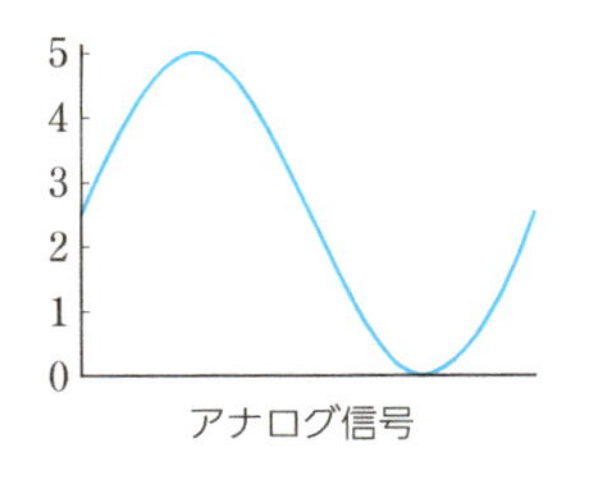

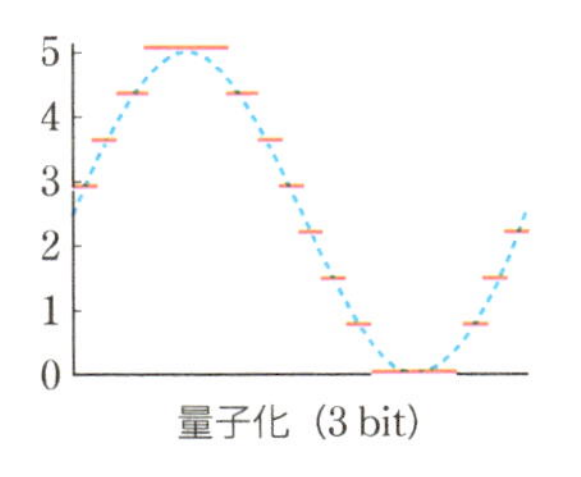

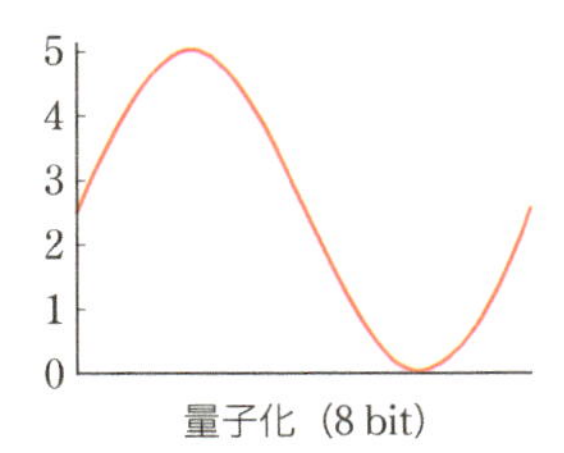

図 11.4 量子化と量子化ビットの関係

量子化の操作によって信号は図 11.5 のような入出力特性が適用され、量子化された信号とアナログ信号に差が生じる。この差を**量子化誤差**といい、計測機器の信号再現能力に影響を及ぼす。量子化誤差は $-q/2$ から $+q/2$（0 から q）

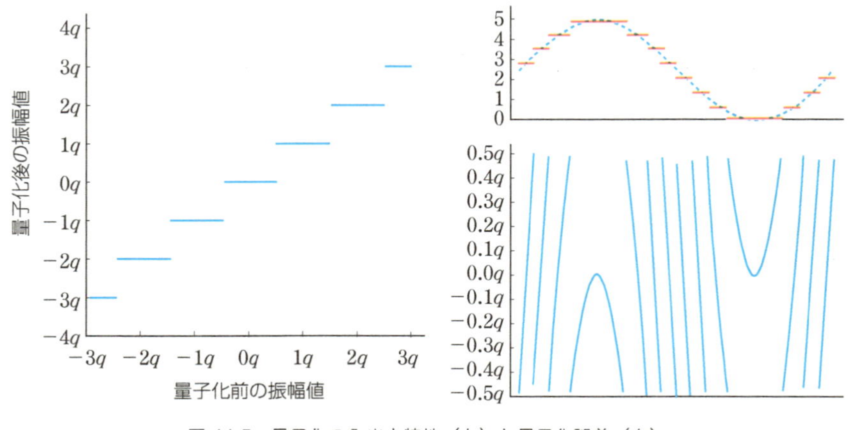

図 11.5　量子化の入出力特性（左）と量子化誤差（右）

の間の値を持つ。

11.3　AD 変換器

11.2 節で説明したアナログ信号の時間・振幅に対する離散化操作であるサンプリングと量子化を同時に処理し、アナログからディジタルへ変換する装置を**AD 変換器**（コンバータ）と呼ぶ。ADC とも略される。AD 変換器の種類としては、逐次比較型、積分型、並列型（フラッシュ型）、パイプライン型、デルタシグマ型がある。それぞれの動作原理について説明する。

11.3.1　逐次比較型 AD 変換器

逐次比較型の変換方式は、図 11.6 のように構成される。この方式では、アナログ信号と変換器内部で設定したディジタル信号を比較する操作を繰り返す。設定したディジタル値がアナログ信号に対して高いか低いか判断し、ディジタル値を更新することで、ディジタル値の精度を高める。変換器内部のディジタル値の更新は比較 1 回につき、トーナメント状に上位から下位のビットの値を決定していく。逐次とあるように、出力信号の量子化ビットに応じて処理を繰り返すためのクロックが入力される。このクロックが変換周波数に影響を及ぼす。

この変換器のように処理に時間を要する変換方式では、ある瞬間のアナログ

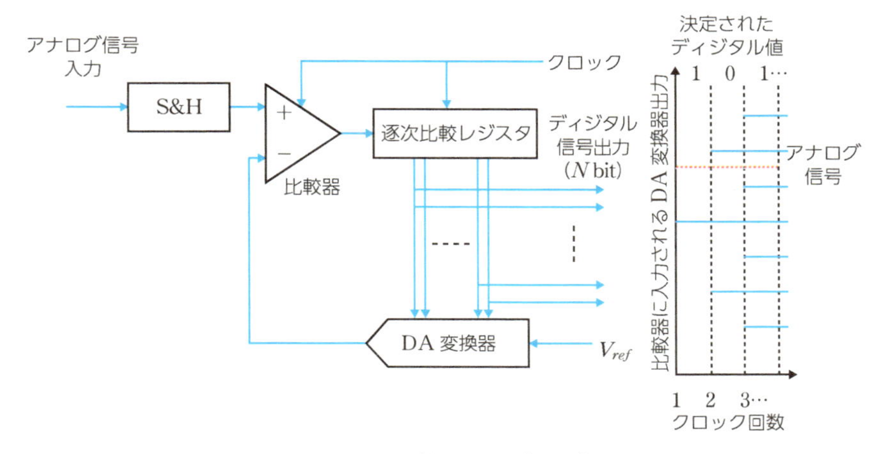

図 11.6　逐次比較型 AD 変換器の構成

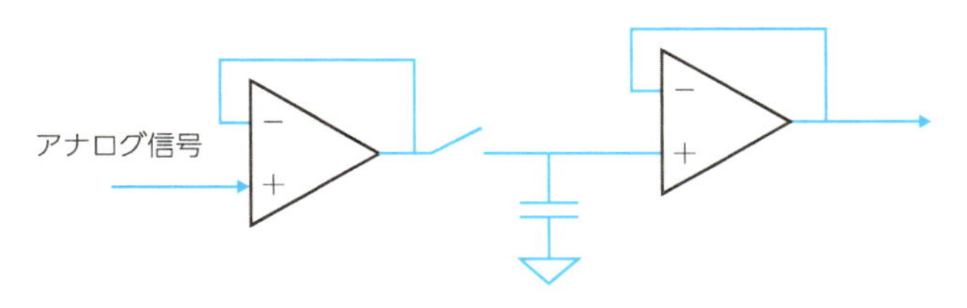

図 11.7　サンプルホールド回路の構成

信号を保持しなければ、処理の過程で値が変化してしまう。そのため、変換器には標本化を担当するサンプルホールド（S&H）回路が内蔵される。この回路は図 11.7 のような回路で構成され、サンプルしたい瞬間にスイッチを閉じることでアナログ信号の電圧をコンデンサに充電し、充電された電位を保持しつつ出力する。これによって、アナログ信号を標本化できる。

11.3.2 積分型 AD 変換器

積分型の中でも雑音に強い二重積分型の動作について説明する。この変換器は図 11.8 のように構成される。この回路では量子化ビットとクロック周波数に基づき決められた時間、アナログ信号の電圧を積分（充電）する。なお、積分される電圧は入力電圧に比例する。次に、積分した電圧に対してマイナスの基準電圧を用いて放電する。放電に要した時間をクロック（パルス）で数えるこ

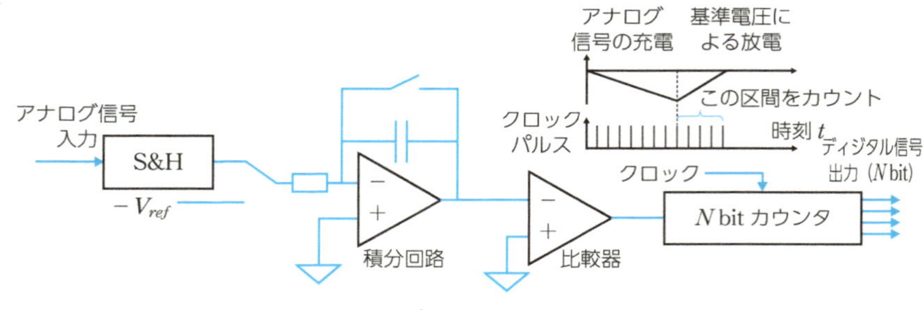

図 11.8　積分型 AD 変換器の構成

とで、アナログ信号の電圧を量子化する。

この方式は入力電圧が大きくなるほど放電時間が長くなるため、高い周波数で利用することが難しい。また、変換時間が入力電圧に依存する欠点がある。

11.3.3 並列型 AD 変換器

並列型の変換方式は図 11.9 のように量子化ビット N で表現可能な 2^N の値の内、いずれの値に該当するか同時に判断する方式である。したがって、基準電圧を 2^N に均等に分圧し、それぞれの電圧とアナログ信号を比較する。比較器が出力する信号は、例えば、アナログ信号の方が高ければ 1、低ければ 0 のように出力される。したがって、1 が連続する箇所と 0 が連続する箇所が現れる。その境をエクスクルーシブオア（EXOR）で検出することで、該当するディジ

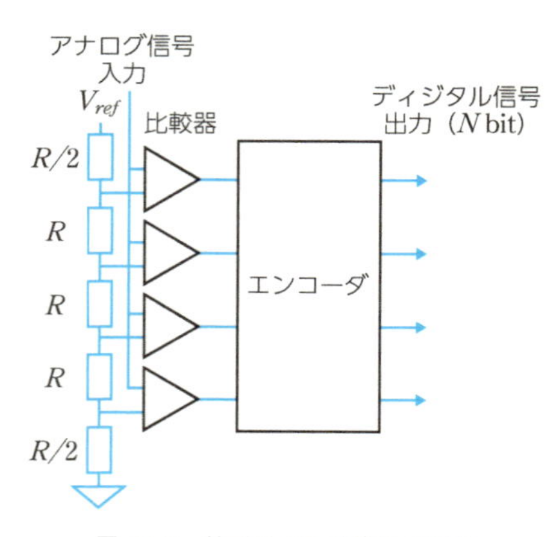

図 11.9　並列型 AD 変換器の構成

タル値を抽出できる。これをディジタル値に変換して出力する。

この方式は操作を繰り返すことがないため、数 GHz という高い周波数で AD 変換することができる。しかし、複数の比較器や同値の抵抗を使用するため、オフセット電圧や抵抗値が変換精度に影響を及ぼす。また、回路規模や消費電力は量子化ビット数が 1 つ上がるごとに 2 倍になる。そのため、高分解能化は困難である。

11.3.4 パイプライン型 AD 変換器

パイプライン型は図 11.10 のようにいくつかのステージで構成される。各ステージは、全体の量子化ビット N bit よりも小さい M bit を AD 変換し、その余りを 2^M 倍したアナログ信号を出力する。次のステージは前のステージの余りを処理する。これを繰り返すことで逐次比較型のように 1 段目のステージから順に上位ビットを決定するように動作する。この方式は各ステージで入力信号が保持されるサンプルホールドが含まれる。そのため、1 段目のステージの処理が終わり次第、次のサンプルを処理し始めることができる。よって、全ビットの値が定まるまでもとのアナログ信号を保持する逐次比較型よりも速く AD 変換することができる。

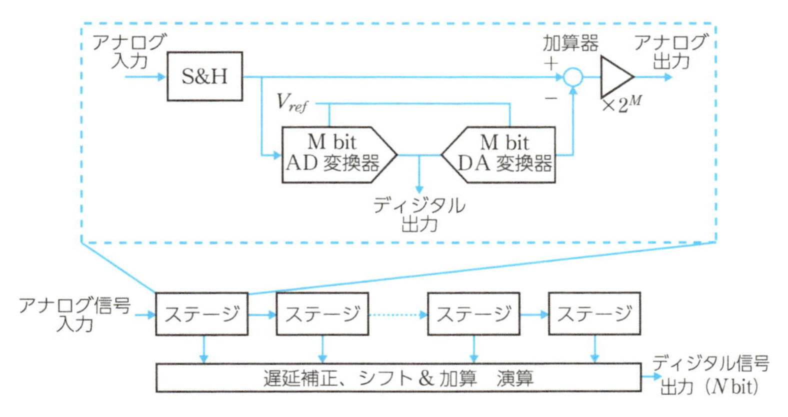

図 11.10 パイプライン型 AD 変換器の構成

11.3.5 デルタシグマ型 AD 変換器

これまでに説明した AD 変換器は並列にディジタル信号を出力することができる。一方でデルタシグマ型は 0 と 1 のみを連続して出力する。つまり離散時間に対して 1 ビットのディジタル信号を扱う。この種のディジタル信号を扱うためにオーバーサンプリングという手法を用いる。オーバーサンプリングによって標本化定理よりも 2 倍、3 倍、... のように離散時間を短くすると、サンプリングした信号は上がっているか、下がっているかという 2 状態だけで扱えるようになる。デルタシグマ型は図 11.11 のように構成される。微分器（Δ：デルタ）によってアナログ入力と出力値を比較し、その差を積分器（Σ：シグマ）で積分する。積分した値と基準電圧を比較した、0 と 1 の 1 ビット信号、ビットストリームを出力する。

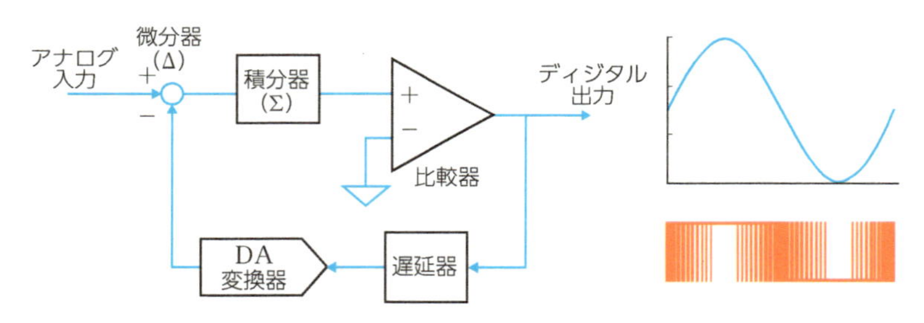

図 11.11　デルタシグマ型 AD 変換器の構成

この方式はオーバーサンプリングを高くすることで量子化誤差を小さくすることができる。また、この変換器の微分器には 1 サンプル遅れで出力信号がフィードバックされる。これによって、量子化誤差の影響が高周波数帯に現れるが、ディジタルフィルタで構成されたアンチエイリアシングフィルタを用いることでこの誤差を取り除き、他の変換器では実現できないような高分解能を提供できる。

11.4 DA 変換器

AD 変換器によってアナログから変換されたディジタル信号をアナログ値へ変換する装置を **DA 変換器**（コンバータ）と呼ぶ。DAC とも略される。DA 変換器の種類としては、デコーダ型、バイナリ型がある。これらの DA 変換器は、11.3.1〜11.3.4 節の AD 変換器のように、瞬間的なディジタル値を表現可能な AD 変換器に適用される。一方で 11.3.5 節のデルタシグマ型の変調器が出力するビットストリームはローパスフィルタが DA 変換器になる。

11.4.1 デコーダ型 DA 変換器

デコーダ型の DA 変換器は図 11.12 のように構成される。N bit のディジタル値が入力されるとすると、デコーダはその値に応じて $2N-1$ 個の電流源 I_0 のスイッチを ON 状態にする。例えば、入力される 2 進数のディジタル値が 001 の場合 1 個、010 の場合、3 個の電流 I_0 が流れるようになる。入力値が 2 進数のディジタル値 $(b_{N-1}, b_{N-2}, \ldots, b_1, b_0)_2$ で表現されるのであれば、出力電圧 V_O は次で表される。

$$V_O = (2^{N-1}b_{N-1} + 2^{N-2}b_{N-2} + \ldots + 2^1 b_1 + 2^0 b_0)I_0 R \tag{11.3}$$

この DA 変換器は、各電流源を加算して出力するため、各電流源に誤差が含まれる場合、誤差は平均化される。そのため、高精度に DA 変換できる。しかし、回路規模は入力信号のビット数が 1 つ上がるごとに 2 倍になる欠点がある。

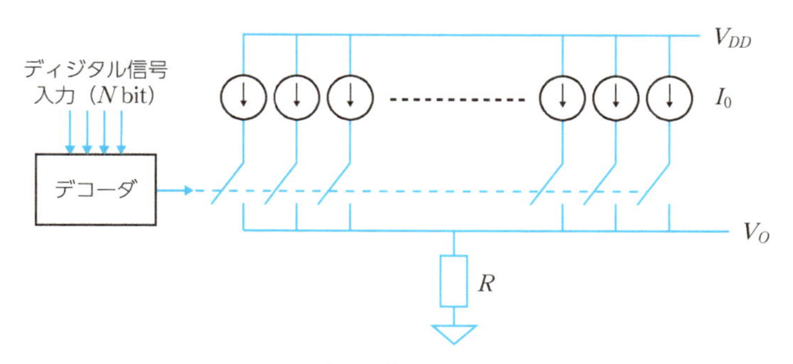

図 11.12 デコーダ型 DA 変換器の構成

11.4.2 バイナリ型 DA 変換器

バイナリ型の DA 変換器は図 11.13 のように構成される。この回路は R-$2R$ ラダー回路といい、入力データのビットに対する電圧の重みが上位ビットから $1/2, 1/4, \ldots, 1/(2^N)$ となるように設定された回路である。したがって、入力されるディジタル値に応じて次のようなアナログ電圧を出力できる。

$$V_O = \left(\frac{1}{2^1}b_{N-1} + \frac{1}{2^2}b_{N-2} + \ldots + \frac{1}{2^{N-1}}b_1 + \frac{1}{2^N}b_0\right)V_{DD} \tag{11.4}$$

この DA 変換器は、回路を小スペースで作りやすいという特徴がある。しかし、高精度な変換には抵抗の精度が大きく関わる。重み付けの観点から、上位ビットに対する抵抗ほど誤差の影響が大きくなる。

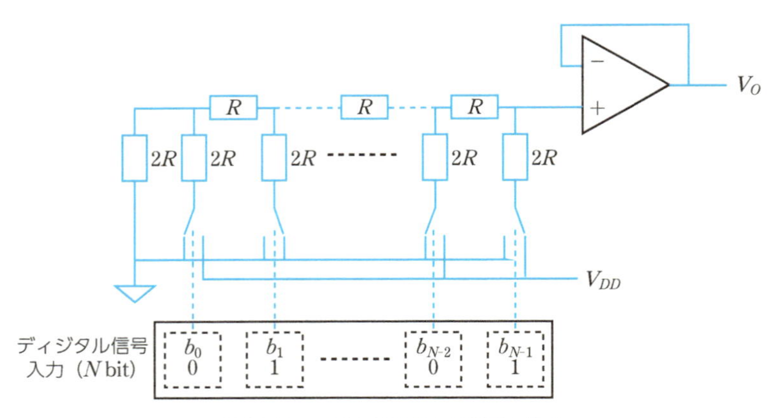

図 11.13　バイナリ型 DA 変換器の構成

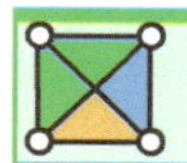

章末問題

11.1 次のデータを通るアナログ信号を描きなさい。

時間	値	時間	値	時間	値
0	0	0.35	0.81	0.7	−0.95
0.05	0.31	0.4	0.59	0.75	−1
0.1	0.59	0.45	0.31	0.8	−0.95
0.15	0.81	0.5	0	0.85	−0.81
0.2	0.95	0.55	−0.31	0.9	−0.59
0.25	1	0.6	−0.59	0.95	−0.31
0.3	0.95	0.65	−0.81	1	0

11.2 問題 11.1 で用いたデータを通るディジタル信号を描きなさい。

11.3 信号に含まれる周波数成分が最大 1 kHz の場合、サンプリング定理を満たす周波数を求めなさい。また、サンプリング間隔を求めなさい。

11.4 基準電圧 3.3 V、量子化ビット 10 bit で量子化したときの量子化単位電圧 q を求めなさい。

11.5 サンプルホールド回路のコンデンサはなぜ放電が進まないか、理由を述べなさい。

11.6 デルタシグマ変換器に方形波を入力したときの出力信号を描きなさい。

11.7 デルタシグマ変換器に三角波を入力したときの出力信号を描きなさい。

11.8 基準電圧 1 V の 4 bit バイナリ型 DA 変換器に“1010”というディジタル信号が入力された。出力電圧を求めなさい。

第12章 周波数解析と雑音

我々は声の高さの違いで誰が発声しているのか識別する。例えば、高い音を強く感じたら女性、低い音を強く感じたら男性のように認識する。この高さは周波数の違いを意味する。このように、“どのような周波数の信号が合成された情報であるか”という信号の周波数を解析する場面がある。また、対話では、話者以外の音も混入する。我々は雑多な音の中から話者の声を取り出せる技術がある。本章は、この取り出したい信号を特定するための周波数解析とそれ以外の信号である雑音について述べる。

12.1 正弦波の表現

ある正弦波 $x(t)$ を時間関数として表現する方法として、一般的な記述は次のようになる。

$$x(t) = A\sin(\omega t + \theta) \tag{12.1}$$

ここで、A は振幅、ω は角周波数、θ は位相である。これによって、単一周波数の正弦波を表現することができる。また、加法定理に基づけば、次のように変形することもできる。

$$\begin{aligned} x(t) &= A\sin(\omega t + \theta) \\ &= A\sin(\theta)\cos(\omega t) + A\cos(\theta)\sin(\omega t) \\ &= a\cos(\omega t) + b\sin(\omega t) \end{aligned} \tag{12.2}$$

この表現の a は $A\sin(\theta)$、b は $A\cos(\theta)$ としてまとめた。

また、正弦波 $z(t)$ を複素平面上で表現すると、次のようになる。

$$
\begin{aligned}
z(t) = Ae^{j(\omega t+\theta)} &= A(\cos(\omega t+\theta) + j\sin(\omega t+\theta)) \\
&= Ae^{j\theta}e^{j\omega t} = Ae^{j\theta}(\cos(\omega t) + j\sin(\omega t))
\end{aligned} \tag{12.3}
$$

ここで用いたパラメータ A, ω, θ は式 (12.1) と同様の意味を持つ。つまり、式 (12.1)、式 (12.2)、式 (12.3) は同じ意味を持ち、相互に変換可能である。

信号は 2 つの方法で表現できる。一つが上記のように時間に対する関数として時間領域で表す方法である。波形の形を捉えるにはこの方法が良い。もう一つは周波数領域で表す方法である。周波数領域では対象の信号がどのような周波数にどのくらいの振幅と位相を含んでいるのかを複素数で表現する。これを**スペクトル**という。

スペクトルは信号に含まれるパラメータそれぞれに対する種類がある。信号を特徴づけるパラメータは式 (12.3) に基づけば、$|Ae^{j\theta}|$ が振幅、$\angle Ae^{j\theta}$ が位相、そして、振幅の 2 乗の $|Ae^{j\theta}|^2$ がパワーになる。周波数に対するこれらのパラメータをそれぞれ、**振幅スペクトル**、**位相スペクトル**、**パワースペクトル**という。

12.2 フーリエ級数

12.2.1 フーリエ級数展開

三角波や方形波などの任意の周期信号は三角関数（cos と sin）の重ね合わせで表すことができる。このアプローチによる周期信号 $x(t)$ の周波数に対する解析方法を**フーリエ級数展開**という。周期信号 $x(t)$ が周波数 ω_0 で繰り返されているのであれば、その信号は ω_0 の整数倍の周波数の信号によって次のように定義される。

$$
\begin{aligned}
x(t) &= a_0 + a_1\cos\omega_0 t + a_2\cos 2\omega_0 t + \ldots + a_m\cos m\omega_0 t \\
&\qquad + b_1\sin\omega_0 t + b_2\sin 2\omega_0 t + \ldots + b_m\sin m\omega_0 t \\
&= a_0 + \sum_{m=1}^{\infty} a_m\cos m\omega_0 t + b_m\sin m\omega_0 t
\end{aligned} \tag{12.4}
$$

ここで、$a_1\cos\omega_0 t + b_1\sin\omega_0 t$ は**基本波成分**といい、周期信号の周期を意味づ

12

ける。また、$m > 1$ の $a_m \cos m\omega_0 t + b_m \sin m\omega_0 t$ は**高調波成分**といい、周期信号の波形を特徴づける。また、a_0 は**直流成分**（0 Hz）であり、本来であれば、$a_0 \cos 0 + b_0 \sin 0$ で表されるが、$\cos 0 = 1$ と $\sin 0 = 0$ より、a_0 のみが残る。a_m と b_m はフーリエ係数といい、各周波数における cos と sin の大きさを表す。例えば、非正弦波の矩形波や三角波のフーリエ級数展開は次のように表すことができる。

$$\text{矩形波：} \quad x(t) = \frac{4}{\pi^2} \sum_{m=1}^{\infty} \frac{1}{2m-1} \sin((2m-1)\omega_0 t) \tag{12.5}$$

$$\text{三角波：} \quad x(t) = \frac{8}{\pi^2} \sum_{m=1}^{\infty} \frac{1}{(2m-1)^2} \cos((2m-1)\omega_0 t) \tag{12.6}$$

このような周期信号の原信号 $x(t)$ からフーリエ係数 a_m と b_m を求めるためには、次のように計算する。

$$\left.\begin{aligned} a_m &= \frac{2}{T} \int_0^T x(t) \cos m\omega_0 t \; dt \\ b_m &= \frac{2}{T} \int_0^T x(t) \sin m\omega_0 t \; dt \end{aligned}\right\} \tag{12.7}$$

ただし、直流成分の係数 a_0 は次のようになる。

$$a_0 = \frac{1}{T} \int_0^T x(t) \cos m\omega_0 t \; dt \tag{12.8}$$

ここで、T（$= 2\pi/\omega_0$）は原信号の周期 [s] である。a_m と b_m は原信号に含まれる m/T（$= m\omega_0/2\pi$）[Hz] の成分を表す。

その一方で、導出されたフーリエ係数から時間信号へ変化するには次のように各周波数成分を計算し、合成すればよい。

$$x_m(t) = \sqrt{a_m^2 + b_m^2} \cos\left(m\omega_0 t - \tan^{-1} \frac{b_m}{a_m}\right) \tag{12.9}$$

この式より、周波数 m/T [Hz] の振幅は $\sqrt{a_m^2 + b_m^2}$、位相（cos に対する遅れ）は θ_m、パワーは $a_m^2 + b_m^2$ となる。

12.2.2 複素フーリエ級数展開

式 (12.4) のフーリエ級数展開は式 (12.2) に基づく正弦波で表現した。ここ

では式 (12.3) の複素数で表現した正弦波に基づくフーリエ級数展開、**複素フーリエ級数展開**について述べる。この展開式は次のように定義される。

$$x(t) = \sum_{m=-\infty}^{\infty} X_m e^{jm\omega_0 t} \tag{12.10}$$

ここで、X_m は複素フーリエ係数を意味する。この係数を原信号 $x(t)$ から求めるためには、次のように計算する。

$$\begin{aligned} X_m &= \frac{1}{T}\int_0^T x(t)e^{-jm\omega_0 t}dt \\ &= \frac{1}{T}\int_0^T \{x(t)\cos(m\omega_0 t) - jx(t)\sin(m\omega_0 t)\}dt \end{aligned} \tag{12.11}$$

よって、X_m は $a - jb$ で表現される複素数になる。X_m とフーリエ係数 a_0, a_m, b_m の関係性は次の通りである。

$$\left.\begin{aligned} X_0 &= a_0 \\ X_m &= \frac{a_m - jb_m}{2} \end{aligned}\right\} \tag{12.12}$$

複素フーリエ係数も同様に振幅、位相、パワーのスペクトルの意味を持つ。

12.3　フーリエ変換

フーリエ級数は周期性を有する原信号を対象とする解析手法であった。ここでは、非周期な原信号に対しても周波数解析できるように拡張した方法である**フーリエ変換**について説明する。フーリエ級数は周期 T [s] の中の m 倍の周波数についての特徴を解析できたが、フーリエ変換では、$T = \infty$ [s] とすることで、非周期信号も長期的に観測したら周期性が見られそうだと仮定することで非周期信号も解析できるようにした。

原信号 $x(t)$ が絶対積分可能であれば、原信号のフーリエ変換 $X(f)$ は次のように定義される。

$$X(f) = \int_{-\infty}^{\infty} x(t)e^{-j2\pi ft}dt \tag{12.13}$$

ここで、e の指数部分は角周波数 ω になるため、$2\pi f$ となる。$X(f)$ は複素フーリエ係数と同様に複素数である。フーリエ変換は $x(t)$ から $X(f)$ を求めたが、逆に $X(f)$ から $x(t)$ を求める操作を**逆フーリエ変換**といい、次のように定義される。

$$x(t) = \frac{1}{2\pi}\int_{-\infty}^{\infty} X(f)e^{j2\pi ft}df \tag{12.14}$$

フーリエ級数とフーリエ変換によってスペクトルに現れる違いについて述べる。フーリエ級数は離散的な解析であり、フーリエ変換は連続的な解析である。よって、これらのスペクトルは図 12.1 のように描かれる。描かれたグラフに着目すると、フーリエ級数は $1/T$ [Hz] 間隔で値を持つ線スペクトルになり、フーリエ変換は周期を $T = \infty$ として解析しているため、特徴点が連続した連続スペクトルになる。

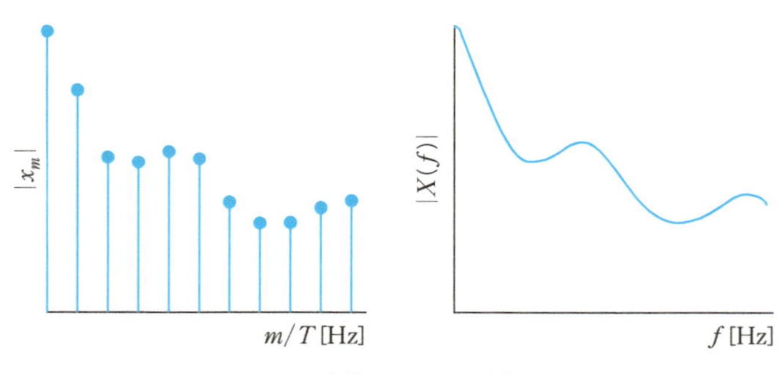

図 12.1　フーリエ級数とフーリエ変換のスペクトル

12.4　離散フーリエ変換

離散信号を扱うコンピュータなどでフーリエ変換を利用するために、離散信号を対象にした**離散フーリエ変換**（discrete Fourier transform, DFT）について説明する。離散フーリエ変換は N 個の連続した離散信号 $x_n = x(n)$; $\{n = 0, 1, 2, \ldots, N-1\}$ に対する離散フーリエ変換は次のように定義される。

$$\begin{aligned} X_k &= \sum_{n=0}^{N-1} x_n e^{-j\frac{2\pi nk}{N}} \\ &= \sum_{n=0}^{N-1} x_n \cos\left(\frac{2\pi nk}{N}\right) - j\sum_{n=0}^{N-1} x_n \sin\left(\frac{2\pi nk}{N}\right) \end{aligned} \tag{12.15}$$

ここで X_k は複素フーリエ係数に相当するため、$X_k = A_k - jB_k$ の複素数の形になる。

また、離散フーリエ変換 X_k の添字 k は複素フーリエ係数同様に $k = 0$ で直流成分、$k = 1$ で基本波成分、$k \geqq 2$ で高調波成分の意味を持つ。したがって、周波数とも関係性がある。AD 変換器のサンプリング間隔 Δt_s [s] で標本化した N 個の離散信号を扱うのであれば、解析区間は $T = (N-1) \cdot \Delta t_s$ になる。よって、k の変化に対する周波数の変化 Δf は T の逆数に相当し、次のように表される。

$$\Delta f = \frac{1}{(N-1) \cdot \Delta t_s} \tag{12.16}$$

例として、$\Delta t_s = 0.01$ s、$N = 101$ とすれば、解析区間 T は 1 s となり、離散フーリエ変換の周波数間隔 Δf は 1 Hz となる。よって、k と周波数の関係は、$k = 0$ で 0 Hz、$k = 1$ で 1 Hz、$k = 2$ で 2 Hz、… のように続く。

離散フーリエ変換は離散信号 x_n から X_k を求めたが、逆に、X_k から x_n を求める操作を**逆離散フーリエ変換**といい、次のように定義される。

$$x_n = \frac{1}{N} \sum_{k=0}^{N-1} X_k e^{j\frac{2\pi nk}{N}} \tag{12.17}$$

12.5　窓関数

離散フーリエ変換は連続した離散信号を切り出し、その信号を周期信号と仮定して解析する。図 12.2 は正弦波をある区間で切り出す操作を図示している。図 12.2 (a) のように切り出すことができれば、切り出した信号が連続する周期信号と見ることができる。しかし、図 12.2 (b) のように、基本波の周期とサンプリング間隔に基づく解析区間が一致しないと、切り出した信号の端点同士が不連続になってしまう。

連続的な解析区間の設定は、単一周波数のみにスペクトルが現れるが、不連続な解析区間の設定は、単一周波数以外にもスペクトルが現れてしまう。この“不連続”の表現は矩形波と同じように高調波成分の重畳である。したがって、単一周波数以外にもスペクトルを持つようになる。

不連続点の影響を小さくするためには、切り出した解析区間の左右端点を等

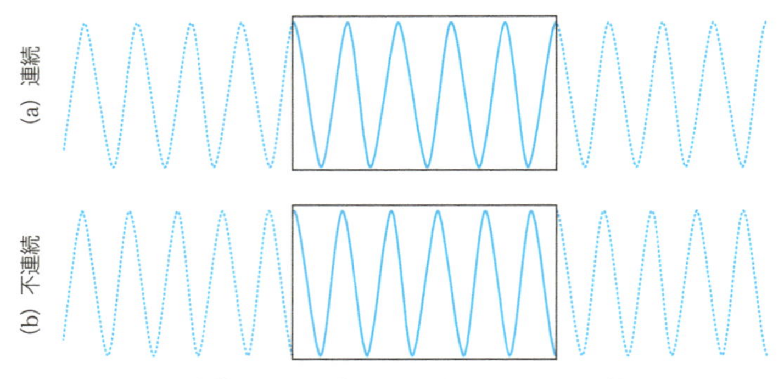

図 12.2　離散フーリエ変換における信号の切り出しと繰り返し

しくし、周期信号として捉えることが有効である。そこで、解析区間の左右端点が等しくなるように波形を調整するような**窓関数**を用いる。代表的な窓関数を紹介する。N 個の離散信号に対する窓関数 W_n として表現する。

矩形窓（図 12.3 上段）

$$W_n = 1;\ 0 \leq n \leq N-1 \tag{12.18}$$

図 12.3（上段）不連続点に対して処理せず、そのまま通過させる。連続的な解析区間が設定されている場合、この窓関数が最も良い。

ハニング窓（ハン窓）（図 12.3 中段）

$$W_n = 0.5 - 0.5\cos\left(\frac{2\pi n}{N-1}\right);\ 0 \leq n \leq N-1 \tag{12.19}$$

周波数分解能が悪く、近い周波数成分同士は結合してしまうが、主な周波数成分から離れた小さな周波数成分を取り出すことができる。

ハミング窓（図 12.3 下段）

$$W_n = 0.54 - 0.46\cos\left(\frac{2\pi n}{N-1}\right);\ 0 \leq n \leq N-1 \tag{12.20}$$

ハニング窓を改善した窓関数である。その特性はハニング窓に近い。

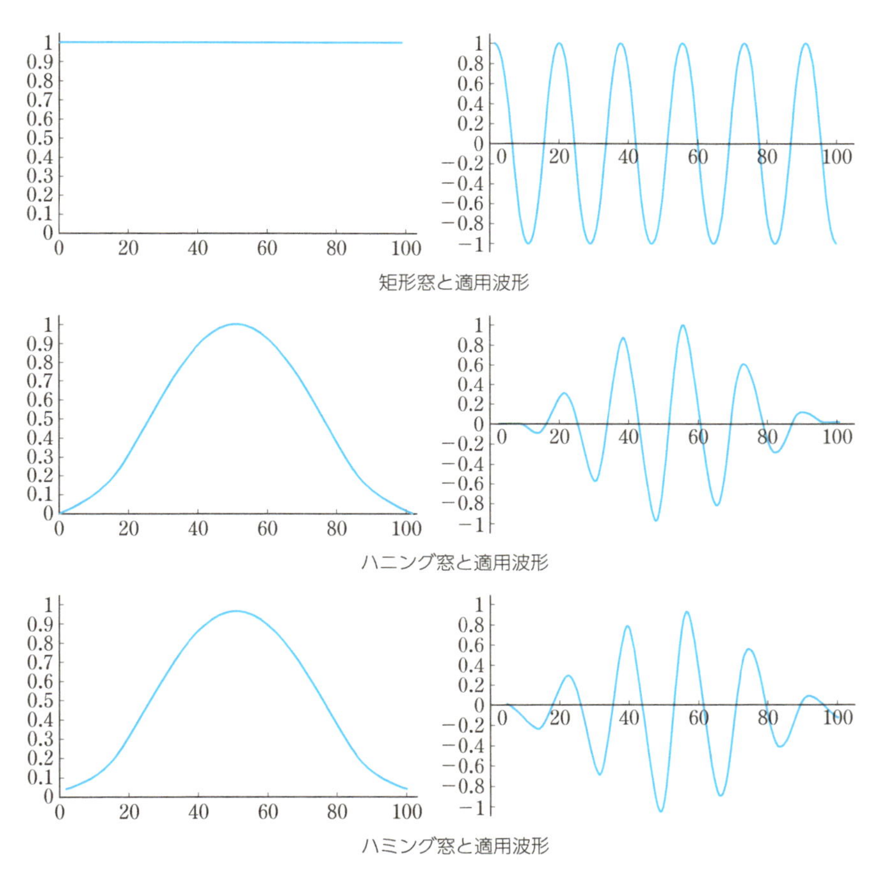

図 12.3 窓関数と不連続波形への適用

窓関数の適用は不連続点の影響を小さくすることができるが、波形を変形させてしまう。そのため、可能な限り長い解析区間を設け、多くの波長を含むように切り出すことが重要である。

12.6 雑音とその種類

現実世界の信号には、処理したい信号とそれ以外の不要な信号が含まれる。「必要な情報以外の不要な信号」を**雑音**あるいは***ノイズ***（noise）と呼ぶ。雑音の発生原理は広く、また、その種類も多い。ここではその種類について説明する。

12.6.1 内部ノイズと外来ノイズ

測定系を構成する内部の電子回路上に発生する雑音と測定系の置かれた環境から混入する雑音に分類できる。内部ノイズは回路素子や回路といったシステムの影響であり、ノイズ源をある程度特定できる。一方で、外来ノイズは落雷や静電気、電波などが配線や基板パターンを通じて混入するため、測定環境に依存する。計測するという行為はノイズを与える側でもあることに注意したい。

12.6.2 伝導ノイズと輻射ノイズ

雑音の伝わり方で分類すると、電源ケーブルや通信ケーブル、プリント基板の配線パターンなどの導体を通じて伝わる伝導ノイズと、ケーブルや配線がアンテナとなり電磁波が空間に放たれ、受け取ってしまうことで装置間に伝わる輻射（放射）ノイズがある。

12.6.3 雑音の現れ方

不要な信号を総じて雑音というが、電子／電気回路においてその多くは発生するタイミングが予測できず、不規則な時間に生じるランダムノイズ（不規則雑音）である。信号の中に含まれる周期信号も雑音になり得るが、ランダムノイズではない。このランダムノイズは確率的に現れるため、統計的に扱える。

雑音の発生原理の違いにより、雑音の周波数特性が変わる。雑音の周波数特性を色で分類したカラードノイズがある。完全なランダムノイズの周波数特性は図 12.4(a) に示すように一様に平坦になり、特徴がないことから**ホワイトノイズ**（白色雑音）と呼ばれる。一方で周波数特性に特徴がある（強調される帯域がある）雑音もある。代表的な例だと図 12.4(b) の**ピンクノイズ**（$1/f$ 雑音）がある。これは風や川の流れのような自然界に多く存在する $1/f$ 揺らぎに起因しており、雑音の電力が周波数に対して反比例する。

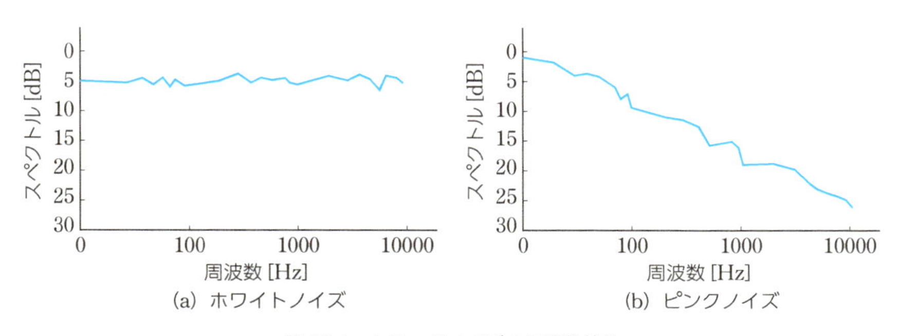

図 12.4 カラードノイズの周波数特性

12.7 雑音の発生・混入原理

12.7.1 熱雑音

電子のランダムな熱運動によって生じる**熱雑音**は絶対零度でない限り受動素子すべてに発生する。これはホワイトノイズに分類され、図 12.5 のようにその振幅は不規則であるが、正規分布に従う。熱雑音の電力 P は熱に依存し、次のように表される。

$$P = k_B T \Delta f \tag{12.21}$$

ここで、k_B はボルツマン定数、T は絶対温度、Δf は測定系の帯域幅である。この雑音を小さくするには、温度を低くすること、帯域幅を狭くする方法がある。

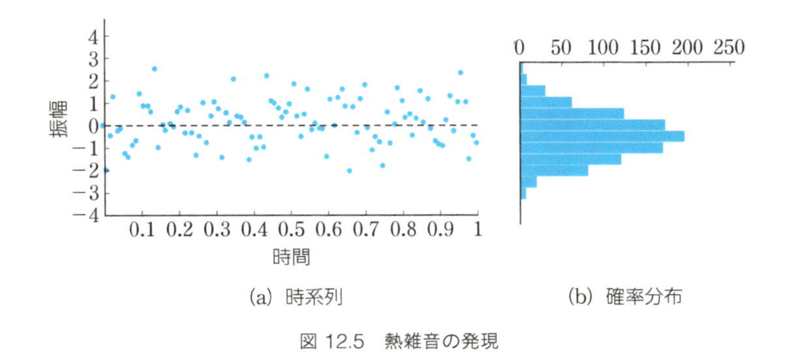

図 12.5 熱雑音の発現

12.7.2 ショットノイズ

電流が電荷の確率的な運動によって引き起こされていると考えれば、時間的に電流が揺らぐ。これを**ショットノイズ**と呼ぶ。この雑音も熱雑音同様にホワイトノイズの性質を持ち、その電流のゆらぎ δI は次のように表される。

$$\delta I^2 = 2q\bar{I}\Delta f \tag{12.22}$$

ここで、q は電荷量、$\bar{I}$ は平均電流、Δf は測定系の帯域幅である。この電流が単純な抵抗 R に流れることを考えれば、次のように熱雑音と類似した性質がある。

$$P = \delta I^2 R = 2q\bar{I}R\Delta f \tag{12.23}$$

12.7.3 電源ノイズ

測定機器の多くは電気で動作し、その電源は商用電源から供給される。その際、電源周波数（日本国内においては 50 Hz や 60 Hz）が測定機器の内部回路に混入する場合がある。この雑音をハムノイズ（ハミングノイズ）と呼ぶ。この雑音は測定機器の内部回路の電源に対して作用するため、例えば、AD 変換の基準電圧が変化してしまう、センサの出力電圧が変化してしまうといった影響を及ぼす。ハムノイズは電源周波数 50 Hz だけでなく、その逓倍の周波数（100 Hz, 150 Hz など）で強く出力される。

また、スイッチング電源回路で内部回路用の直流電圧を作っている場合、その回路のスイッチングによって、回路に流れる電流が急激に変化することで生じ、平滑回路がその変化を吸収する。このスイッチングの瞬間に生じる雑音をスパイクノイズ、平滑回路が充放電する揺らぎをリプルノイズと呼ぶ。これらの雑音はスイッチング周波数（20 kHz〜）以上の周波数帯に現れる。

12.8 雑音の指標

12.8.1 SN 比

信号に含まれる雑音の大きさを表す一つの指標が **SN 比**（signal-to-noise ratio）である。SNR とも称される。SN 比は信号が雑音の何倍の大きさであるかを表現し、値が大きいほど信号に含まれる雑音が小さく、信号の質が良いことを意味する。電力に基づくと次のように定義される。

$$\mathrm{SNR} = \frac{P_{signal}}{P_{noise}}\ [\text{倍}], \quad \mathrm{SNR} = 10\log_{10}\frac{P_{signal}}{P_{noise}}\ [\mathrm{dB}] \tag{12.24}$$

ここで、P_{signal} は信号電力、P_{noise} は雑音電力である。

正弦波などの連続信号の SN 比は次のように電圧に基づくこともできる。

$$\mathrm{SNR} = \frac{V_{signal}}{V_{noise}}\ [\text{倍}], \quad \mathrm{SNR} = 20\log_{10}\frac{V_{signal}}{V_{noise}}\ [\mathrm{dB}] \tag{12.25}$$

ここで、V_{signal} は信号電圧、V_{noise} は雑音電圧である。ただし、インピーダンスマッチング（本章 12.9.1 節で後述する）ができており、反射がないことが条件である。

12.8.2 雑音指数

ある増幅回路に入力した信号の SN 比がどの程度劣化して出力されるかを表す指標が**雑音指数**（noise figure, NF）である。入力された信号の SN 比と出力された信号の SN 比に基づき、次のように定義される。

$$\mathrm{NF} = \frac{\mathrm{SNR}_{in}}{\mathrm{SNR}_{out}} = \frac{P_{insignal}}{P_{outsignal}}\frac{P_{outnoise}}{P_{innoise}} \tag{12.26}$$

ここで、$P_{insignal}$ と $P_{innoise}$ は入力された信号電力と雑音電力であり、$P_{outsignal}$ と $P_{outnoise}$ は出力された信号電力と雑音電力である。増幅回路を通過した雑音は次のように増大するため、信号に劣化が生じる。

$$P_{outnoise} = GP_{innoise} + N \tag{12.27}$$

ここで、G は増幅利得、N は増幅器で発生した熱雑音やショットノイズのような雑音である。多段の増幅回路を利用する場合、初段で混入する雑音がその後増幅されてしまうため、初段の増幅利得を高くし、できるだけ雑音の少ない回路を用いることが望ましい。

12.8.3 ダイナミックレンジ

測定可能な最大信号と最小信号の比をデシベルで表現した指標を**ダイナミッ**

クレンジ（dynamic range, DR）と呼ぶ。この指標によって計測機器の信号表現範囲性能を表すことができる。次のように定義される。

$$\mathrm{DR} = 20 \log_{10} \frac{L_{max}}{L_{min}} \ [\mathrm{dB}] \tag{12.28}$$

ここで、L_{max} は最大信号レベル、最小信号レベルである。最小信号レベルよりも雑音が大きい場合、測定器は雑音を感じ取ってしまう。

AD 変換器を用いて 2 進数で信号を表現する場合、1 bit あたりのダイナミックレンジは $20 \log_{10} 2 = 6.02 \ldots$ となる。もし、60 dB のダイナミックレンジを必要とするのであれば、AD 変換のビット長は $60/6.02 < 10$ より、10 bit 以上の AD 変換器を使う必要がある。

12.9　波形の変形

12.9.1　インピーダンスマッチング

微弱なセンサ信号や高周波の信号を最大限受け取ることができるように送信側の出力インピーダンスと受信側の入力インピーダンスを整合することを**インピーダンスマッチング**という。このインピーダンスマッチングをしないと信号伝送の電力ロスが生じ、出力電力を十分に取り出すことができず、信号が小さくなってしまう。

信号伝送には図 12.6 の回路のように、送信側、伝送路の内部インピーダンス r と受信側の負荷抵抗 R があり、送信信号電圧を E とすると、伝送路に流れる電流 I は次のようになる。

$$I = \frac{E}{r + R} \tag{12.29}$$

この式より、受信側が受け取る電力 P は、次のようになる。

$$P = I^2 R = E^2 \frac{R}{(r + R)^2} \tag{12.30}$$

この電力が最大になるインピーダンスの条件は、R で微分した結果が 0 になる、$R = r$ である。もし、r が $Z_R + jZ_i$ のように表されるのであれば、R は複素共役 $Z_R - jZ_i$ のときに電力が最大になる。

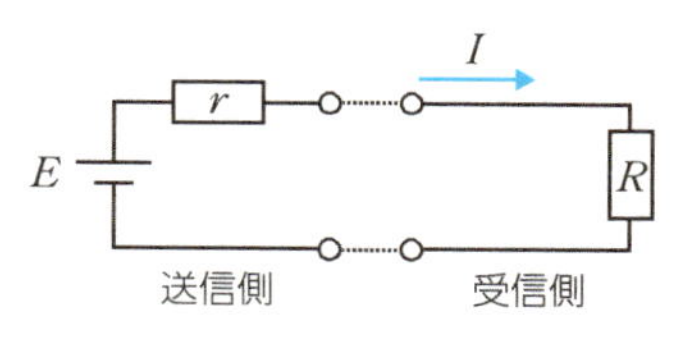

図 12.6　信号伝送の回路

12.9.2 反射

電気信号は真空に置かれた伝送路を 3×10^8 m/s の速度で移動することができる。したがって、高周波の信号になるほど、送信側と受信側で信号の位相が異なってくる。例えば、1 m の伝送路を通過することを想定すると、150 kHz の信号は受信端と送信端の位相差が 0.18° と小さいが、150 MHz の信号はその位相差が 180° となる。

低周波信号は抵抗、コンデンサ、コイルの素子の影響だけを考慮した**集中定数回路**で回路解析するが、高周波信号はこれらの素子が伝送路上のあらゆるところに連続して分布する**分布定数回路**で回路解析する。これらの回路について、伝送路は図 12.7 のように表現する。集中定数回路の伝送路は結線のみを示し、電気的な変化が生じないのに対して、分布定数回路の伝送路は線間容量や漏れコンダクタンスが影響し、波長よりも短い微小距離 Δx において RLC が含まれ、伝送路の長さの影響を信号に及ぼす。

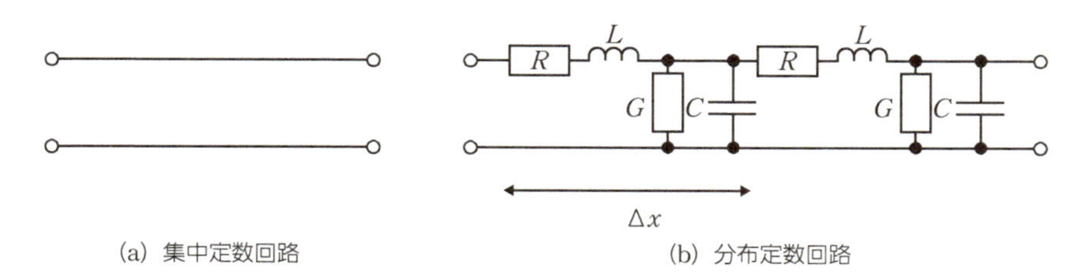

(a) 集中定数回路　(b) 分布定数回路

図 12.7　伝送路の回路

分布定数回路において、微小区間の伝送路 Δx における電圧 V と電流 I に対して、$R + j\omega L$ と $G + j\omega C$ が影響を及ぼす。したがって、伝送路に流れる信号は**波動**となる。送信側から受信側へ進む波を**入射波**と、受信側から送信側へ進む波を**反射波**と呼び、信号は一方向へ進むだけでなく、端点から返ってくる場合がある。この反射の影響を**反射係数** Γ で表す。

$$\Gamma = \frac{Z_L - Z_0}{Z_L + Z_0} \tag{12.31}$$

反射係数は特性インピーダンス Z_0 と負荷インピーダンス Z_L がインピーダンスマッチング（$\Gamma = 0$）しなければ、Z_L が進行波の電力を消費できず、残りの電力を反射波として返してしまう。負荷が開放（$Z_L = \infty$）の場合、進行波と反射波は同相になり、負荷が短絡（$Z_L = 0$）の場合、進行波と反射波は逆相になる。

12.10 雑音対策

12.10.1 ノーマルモード、コモンモード

配線を通じて伝わる伝導ノイズの広がり方はノーマルモードとコモンモードの 2 種類ある。図 12.8 にこれらのノイズの伝わり方を示す。これらの違いは信号源となる電流の往路と復路に対するノイズ電流の流れる方向である。

ノーマルモードノイズは信号と同じ方向へ流れる。このノイズは信号源 E_s にノイズ源 E_n が重畳しているため、信号とノイズの周波数帯が違うのであれば、並列にコンデンサを、直列にフェライトビーズのようなインダクタを挿入することで対策できる。

一方、**コモンモードノイズ**は、測定系が独立して存在しており、浮遊容量に起因したノイズであり、測定回路全てに重畳する。ノイズ電流は測定系のプラ

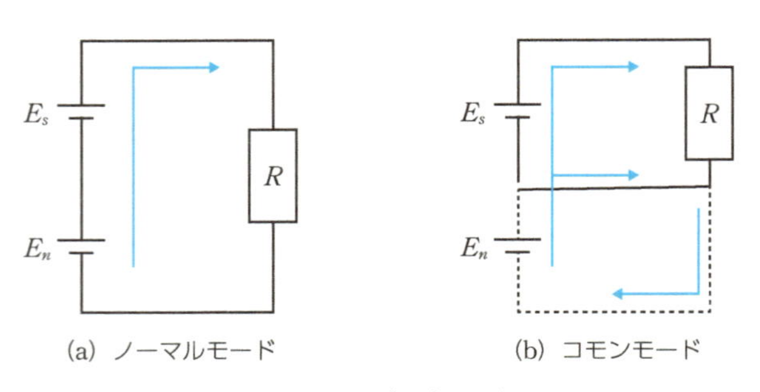

図 12.8　ノイズの流れる向き

ス側とマイナス側の配線どちらにも同じ方向で流れる。そのため、プラス側とマイナス側にコモンモードチョークコイルを挿入することでノイズを除去できる。このコイルは2つのコイルが同じコアに巻かれた構造をしており、コモンモードとなる同方向の電流に対して、コイルの磁束が強まることでノイズを除去することができる。

12.10.2 グランドとアース

電流は往路と復路があることによって流れる。グランドはこの復路を担う。機器の中には、回路それぞれに異なる役割のグランドがある。大電流を流す回路のグランドをパワーグランド、アナログ回路のグランドをアナロググランド、ディジタル回路を動かすグランドをディジタルグランドという。各種のグランドが担う回路は流れる電流やその流れ方が異なる。つまり、グランドの中でさえも電位が異なる可能性やノイズが発生する可能性がある。そのため、各種のグランドを1点で接続し、他グランドの影響を抑え、測定に利用する方法がある。

測定機器の中でもグランドは安定しにくいのは上述した説明の通りである。1台の機器であれば、機器内のグランドを基準として利用できるが、2台以上の機器を接続した測定系では、機器それぞれのグランドの電位が異なるため、全ての機器のグランド状態が安定にならない。そのため、地球上で最も安定した電位である地球自体、つまり、大地（アース）を介して機器同士のフレームや回路の基準となる電位を合わせる。この動作を**接地**という。また、機器同士の信号の送受信には同軸ケーブルやシールド線を用いることで、外部から信号線へ混入するノイズを低減することができる。

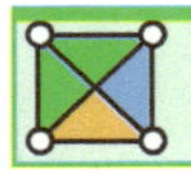

章末問題

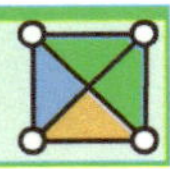

12.1 フーリエ級数展開を適用できる信号を答えなさい。

12.2 フーリエ変換を適用できる信号を答えなさい。

12.3 単一正弦波 $\cos(2\omega_0 t)$ について、フーリエ級数展開し、フーリエ係数を求めなさい。

12.4 式 (12.5) の矩形波についてフーリエ級数展開し、フーリエ係数の一般項を求めなさい。

12.5 式 (12.6) の三角波についてフーリエ級数展開し、フーリエ係数の一般項を求めなさい。

12.6 ショットノイズを小さくして測定するためにはどのようなことをすべきか。

12.7 3 種類の計測器である信号を測定したら、1 台の測定器だけ他の計測結果よりも大きな 50 Hz の信号が混入していた。これが発生した原因について考えられる要因を示しなさい。

12.8 インピーダンス 50 Ω の伝送路に電圧 10 V の信号を送信したい。このとき、受信側の電力が最大になるインピーダンスを設計しなさい。

12.9 高周波の信号をインピーダンス 50 Ω の伝送路に送信した。このとき、反射が起こらないような負荷インピーダンスを設計しなさい。

12.10 高周波の信号をインピーダンス 50 Ω の伝送路に送信した。すると、同相の信号が送信側に返ってきた。このときの負荷インピーダンスと反射係数を求めなさい。

第13章 ディジタル信号処理

本章に辿り着くまでに、アナログ信号、アナログ回路を対象にそれらの解析方法について述べてきた。アナログ信号は物理的な働きを利用する術であるが、近年のコンピュータや通信技術、半導体技術の発展により、信号をディジタル信号として扱えるようになった。本章ではアナログ信号をそのまま処理するのではなく、ディジタル信号を対象とする信号処理について述べる。

13.1 ディジタル信号処理の基本

コンピュータや通信技術、半導体技術の進歩により、ディジタル値を処理、伝送、保存できるようになり、計測をはじめ、通信、制御、画像など幅広い分野で利用されている。受動素子で構成された回路を利用するアナログ信号処理と違い、**ディジタル信号処理**は、コンピュータや**DSP**（digital signal processor）、専用IC上で演算する。ハードウェアで対応しなければならないアナログ信号処理と異なり、ディジタル信号処理はソフトウェア的に処理できる。そのため、柔軟に対応可能である。

ディジタル信号処理は、入力された離散信号から単純な演算の組み合わせで目的の処理を施した離散信号を出力する。この過程を実現するプログラム／アルゴリズムの実装が重要である。本章では、図13.1のように、アナログ回路による信号処理をディジタル信号に対しても処理するための手法について説明する。

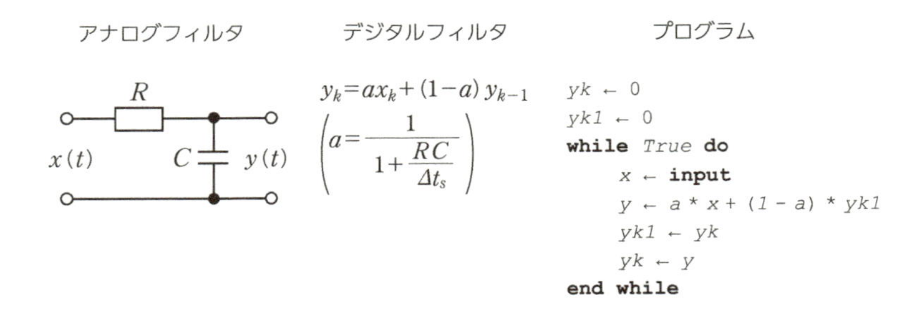

図 13.1　アナログフィルタ、ディジタルフィルタ、コードによるフィルタ

13.2　ディジタルフィルタ

アナログシステムを記述する微積分方程式からディジタルシステムを記述する差分方程式への変換を示し、アナログフィルタと同様のディジタルフィルタを設計する方法について述べる。図 13.2 に示す RC と RL を用いた微分・積分回路に使われる微分・積分という演算についてディジタル信号へ適用できるように、離散信号の四則演算で表現していく。本節では、4 種の回路のうち、RL 積分回路と RC 微分回路に対して変換の操作を行い、ディジタルフィルタの演算要素、遅延器、乗算器、加算器で記述していく。

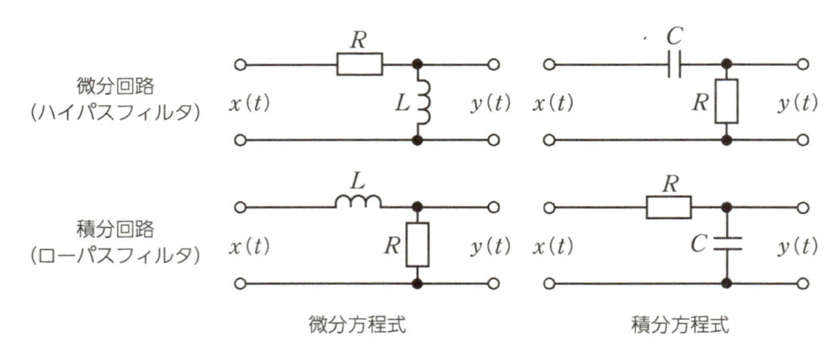

図 13.2　アナログシステムにおけるフィルタ回路

13.2.1 微分方程式によるローパスフィルタのディジタル信号処理

図 13.2 より、RL 回路であることから、次のような回路方程式が成り立つ。

$$x(t) = \frac{L}{R}\frac{dy(t)}{dt} + y(t) \tag{13.1}$$

アナログシステムからディジタルシステムへの変換は、入力や出力の値を離散化することである。アナログシステムではいつでも入出力の値が定まるが、ディジタルシステムではサンプリングした瞬間の値だけが定まる。したがって、サンプリング間隔 t_s [s] で k 回サンプリングすると、時刻 t は kt_s [s] になる。

$$\left.\frac{L}{R}\frac{dy(t)}{dt}\right|_{t=kt_s} = x(kt_s) - y(kt_s) \tag{13.2}$$

また、微分については次のように定義できる。

$$\left.\frac{dy(t)}{dt}\right|_{t=kt_s} \simeq \lim_{t_s \to 0} \frac{y(kt_s) - y(kt_s - t_s)}{t_s} \tag{13.3}$$

サンプリング間隔を 0 にした極限値が本来の微分であるが、サンプリング間隔がディジタルシステムにおける時間の極限とするならば、次のようにまとまる。

$$\left.\frac{dy(t)}{dt}\right|_{t=kt_s} \simeq \frac{y(kt_s) - y(kt_s - t_s)}{t_s} = \frac{y(kt_s) - y((k-1)t_s)}{t_s} \tag{13.4}$$

式 (13.4) を式 (13.2) に適用すると、次のようになる。

$$\frac{L}{R}\frac{y(kt_s) - y((k-1)t_s)}{t_s} = x(kt_s) - y(kt_s) \tag{13.5}$$

入力や出力の値を離散値で表し、整理すると、次のようにまとまる。

$$\begin{aligned} &\frac{L}{R}\frac{y_k - y_{k-1}}{t_s} = x_k - y_k \\ &\qquad \Rightarrow \quad y_k = ay_{k-1} + (1-a)x_k; \ a = \frac{\tau}{(1+\tau)}, \ \tau = \frac{\frac{L}{R}}{t_s} \end{aligned} \tag{13.6}$$

ここで、τ は RL 回路特性を決定するパラメータに当たる。a は減衰率といい、τ を設計せずともフィルタを直接調整することができる。なお、$0 \leqq a < 1$ の間で設計する。

13

フィルタのカットオフ周波数 f_c は次式によって設計することができる。この導出には **z 変換**を用いる（離散信号に対するラプラス変換だと考えてもらいたい）。

$$f_c = \frac{1}{2\pi t_s} \cos^{-1}\left(\frac{-a^2+4a-1}{2a}\right) \tag{13.7}$$

13.2.2 積分方程式によるハイパスフィルタのディジタル信号処理

図 13.2 より、RC 回路であることから、次のような回路方程式が成り立つ。

$$x(t) = \frac{1}{CR}\int_{-\infty}^{t} y(\tau)d\tau + y(t) \tag{13.8}$$

前述の式 (13.1) から式 (13.2) への変更と同様に、入出力値をサンプリングした離散値に対応させることで、あるサンプリング時刻 kt_s [s] における状態として次が得られる。

$$x(kt_s) = \frac{1}{CR}\int_{-\infty}^{kt_s} y(\tau)d\tau + y(kt_s) \tag{13.9}$$

合わせて、一つ前のサンプリング時刻 $(k-1)t_s$ [s] における状態を次に示す。

$$x((k-1)t_s) = \frac{1}{CR}\int_{-\infty}^{(k-1)t_s} y(\tau)d\tau + y((k-1)t_s) \tag{13.10}$$

式 (13.9) と式 (13.10) の差分は、次のようになる。

$$\begin{aligned} x(kt_s) - x((k-1)t_s) &= \frac{1}{CR}\left(\int_{-\infty}^{kt_s} y(\tau)d\tau - \int_{-\infty}^{(k-1)t_s} y(\tau)d\tau\right) \\ &\quad + y(kt_s) - y((k-1)t_s) \\ &= \frac{1}{CR}\int_{(k-1)t_s}^{kt_s} y(\tau)d\tau + y(kt_s) - y((k-1)t_s) \end{aligned} \tag{13.11}$$

この積分項はアナログシステムであれば積分しなければならないが、積分区間 $(k-1)t_s$ と t_s の間は t_s の 1 ステップであり、すでに定まっている y は $y((k-1)t_s)$ であることから、次のように近似できる。

$$\int_{(k-1)t_s}^{kt_s} y(\tau)d\tau \simeq t_s \cdot y((k-1)t_s) \tag{13.12}$$

式 (13.12) を式 (13.11) に適用する。

$$x(kt_s) - x((k-1)t_s) = \frac{1}{CR}t_s \cdot y((k-1)t_s) + y(kt_s) - y((k-1)t_s) \tag{13.13}$$

入力や出力の値を離散値で表し、整理すると、次のようにまとまる。

$$\begin{aligned} & x_k - x_{k-1} = \frac{1}{CR}t_s \cdot y_{k-1} + y_k - y_{k-1} \\ & \quad \Rightarrow \quad y_k = ay_{k-1} + x_k - x_{k-1};\ a = \left(1 - \frac{1}{\tau}\right),\ \tau = \frac{t_s}{CR} \end{aligned} \tag{13.14}$$

ここで a は減衰率であり、$0 \leqq a < 1$ の間で設計する。フィルタのカットオフ周波数 f_c は次式によって設計することができる。

$$\frac{\sqrt{2}}{1+a} = \frac{\sqrt{(1+a)^2(1-\cos(2\pi f_c t_s))^2 + (1-a)^2\sin^2(2\pi f_c t_s)}}{a^2 - 2a\cos(2\pi f_c t_s) + 1} \tag{13.15}$$

式 (13.7) よりも複雑であり、式を解くことで求めることが困難である。そのため、探索アルゴリズムなどを利用して、目的の設計値の近似解を求めるなどの手法を使い求める。

13.3 高速フーリエ変換による周波数解析

前章「周波数解析と雑音」では、離散フーリエ変換を紹介した。離散フーリエ変換は離散値を扱うためディジタルシステムで利用できる。しかし、この変換は計算量が多いという課題がある。そのため、今日の計算機は離散フーリエ変換を高速に処理するための**高速フーリエ変換** (fast Fourier transform, FFT) のアルゴリズムを用いて周波数解析している。この基本的なアルゴリズムについて説明する。

13.3.1 回転因子

式 (12.15) に示した離散フーリエ変換に対して、**回転因子**を次のように定義する。

$$\left.\begin{aligned} W_N &= e^{-j\frac{2\pi}{N}} \\ W_N^{nk} &= e^{-j\frac{2\pi nk}{N}} \end{aligned}\right\} \tag{13.16}$$

ここで、W_N は複素平面上の単位円を N 分割した 1 つの角度 $2\pi/N$ を意味する。よって、回転因子 W_N^{nk} は W_N の角度を nk 回進めた複素数である。回転因子の性質として、周期性と対称性がある。

周期性

回転因子は単位円上を N ステップで 1 周する。よって、ある角度 nk にいる状態から p 回周回した状態も同じ状態である。これを周期性といい、次のように示す。

$$W_N^{nk} = W_N^{nk+pN};\ \forall p \in \mathbb{Z} \tag{13.17}$$

$N = 4$ で例を挙げると、

$$\begin{cases} W_4^0 = W_4^4,\ W_4^8,\ \cdots \\ W_4^1 = W_4^5,\ W_4^9,\ \cdots \\ W_4^2 = W_4^6,\ W_4^{10},\ \cdots \\ W_4^3 = W_4^7,\ W_4^{11},\ \cdots \end{cases}$$

のような性質である。

対称性

回転因子は N が偶数の場合、-1 をかけると複素平面上の原点の点対称な位置に移動する。これを数式で表すと次のようになる。

$$-W_N^{nk} = W_N^{nk+(N/2)} \tag{13.18}$$

$N = 4$ で例を挙げると、

$$\begin{cases} -W_4^0 = W_4^2 \\ -W_4^1 = W_4^3 \\ -W_4^2 = W_4^0 \\ -W_4^3 = W_4^1 \end{cases}$$

のような性質である。

13.3.2 クーリー–テューキー型高速フーリエ変換

先述した回転因子を適用した離散フーリエ変換を示す。

$$X_k = \sum_{n=0}^{N-1} x_n W_N^{nk} \tag{13.19}$$

この式に対して、次の行列を用いた式を解けばフーリエ変換することができるが、その計算量は（複素乗算を単純に数えて）N^2 回である。N が大きくなるほど計算量も増加するため、離散フーリエ変換の素直な利用は、リアルタイムに計算することが難しい。

$$\begin{pmatrix} X_0 \\ X_1 \\ X_2 \\ \vdots \\ X_{N-1} \end{pmatrix} = \begin{pmatrix} W_N^0 & W_N^0 & W_N^0 & \cdots & W_N^0 \\ W_N^0 & W_N^1 & W_N^2 & \cdots & W_N^{(N-1)} \\ W_N^0 & W_N^2 & W_N^4 & \cdots & W_N^{2(N-1)} \\ \vdots & \vdots & \vdots & \ddots & \vdots \\ W_N^0 & W_N^{(N-1)} & W_N^{2(N-1)} & \cdots & W_N^{(N-1)(N-1)} \end{pmatrix} \begin{pmatrix} x_0 \\ x_1 \\ x_2 \\ \vdots \\ x_{N-1} \end{pmatrix} \tag{13.20}$$

離散フーリエ変換の計算量という問題に対して、**分割統治法**を用いて計算量を少なくした**クーリー–テューキー型高速フーリエ変換**がある。このアルゴリズムについて説明していく。

この変換アルゴリズムは、N が 2 の累乗であることが前提である。説明するにあたり、ここでは、$N = 2^3 = 8$ として進める。離散フーリエ変換の行列を用いた式に回転因子の周期性を適用すると次のようになる。

$$\begin{pmatrix} X_0 \\ X_1 \\ X_2 \\ X_3 \\ X_4 \\ X_5 \\ X_6 \\ X_7 \end{pmatrix} = \begin{pmatrix} W_8^0 & W_8^0 & W_8^0 & W_8^0 & W_8^0 & W_8^0 & W_8^0 & W_8^0 \\ W_8^0 & W_8^1 & W_8^2 & W_8^3 & W_8^4 & W_8^5 & W_8^6 & W_8^7 \\ W_8^0 & W_8^2 & W_8^4 & W_8^6 & W_8^8 & W_8^{10} & W_8^{12} & W_8^{14} \\ W_8^0 & W_8^3 & W_8^6 & W_8^9 & W_8^{12} & W_8^{15} & W_8^{18} & W_8^{21} \\ W_8^0 & W_8^4 & W_8^8 & W_8^{12} & W_8^{16} & W_8^{20} & W_8^{24} & W_8^{28} \\ W_8^0 & W_8^5 & W_8^{10} & W_8^{15} & W_8^{20} & W_8^{25} & W_8^{30} & W_8^{35} \\ W_8^0 & W_8^6 & W_8^{12} & W_8^{18} & W_8^{24} & W_8^{30} & W_8^{36} & W_8^{42} \\ W_8^0 & W_8^7 & W_8^{14} & W_8^{21} & W_8^{28} & W_8^{35} & W_8^{42} & W_8^{49} \end{pmatrix} \begin{pmatrix} x_0 \\ x_1 \\ x_2 \\ x_3 \\ x_4 \\ x_5 \\ x_6 \\ x_7 \end{pmatrix}$$

$$
= \begin{pmatrix}
W_8^0 & W_8^0 & W_8^0 & W_8^0 & W_8^0 & W_8^0 & W_8^0 & W_8^0 \\
W_8^0 & W_8^1 & W_8^2 & W_8^3 & W_8^4 & W_8^5 & W_8^6 & W_8^7 \\
W_8^0 & W_8^2 & W_8^4 & W_8^6 & W_8^0 & W_8^2 & W_8^4 & W_8^6 \\
W_8^0 & W_8^3 & W_8^6 & W_8^1 & W_8^4 & W_8^7 & W_8^2 & W_8^5 \\
W_8^0 & W_8^4 & W_8^0 & W_8^4 & W_8^0 & W_8^4 & W_8^0 & W_8^4 \\
W_8^0 & W_8^5 & W_8^2 & W_8^7 & W_8^4 & W_8^1 & W_8^6 & W_8^3 \\
W_8^0 & W_8^6 & W_8^4 & W_8^2 & W_8^0 & W_8^6 & W_8^4 & W_8^2 \\
W_8^0 & W_8^7 & W_8^6 & W_8^5 & W_8^4 & W_8^3 & W_8^2 & W_8^1
\end{pmatrix}
\begin{pmatrix} x_0 \\ x_1 \\ x_2 \\ x_3 \\ x_4 \\ x_5 \\ x_6 \\ x_7 \end{pmatrix}
\tag{13.21}
$$

続いて、左辺を奇数行（今回は添字が偶数）と偶数行（今回は添字が奇数）に分割し、周波数を間引く。

$$
\begin{pmatrix} X_0 \\ X_2 \\ X_4 \\ X_6 \end{pmatrix}
= \begin{pmatrix}
W_8^0 & W_8^0 & W_8^0 & W_8^0 & W_8^0 & W_8^0 & W_8^0 & W_8^0 \\
W_8^0 & W_8^2 & W_8^4 & W_8^6 & W_8^0 & W_8^2 & W_8^4 & W_8^6 \\
W_8^0 & W_8^4 & W_8^0 & W_8^4 & W_8^0 & W_8^4 & W_8^0 & W_8^4 \\
W_8^0 & W_8^6 & W_8^4 & W_8^2 & W_8^0 & W_8^6 & W_8^4 & W_8^2
\end{pmatrix}
\begin{pmatrix} x_0 \\ x_1 \\ x_2 \\ x_3 \\ x_4 \\ x_5 \\ x_6 \\ x_7 \end{pmatrix},
$$

$$
\begin{pmatrix} X_1 \\ X_3 \\ X_5 \\ X_7 \end{pmatrix}
= \begin{pmatrix}
W_8^0 & W_8^1 & W_8^2 & W_8^3 & W_8^4 & W_8^5 & W_8^6 & W_8^7 \\
W_8^0 & W_8^3 & W_8^6 & W_8^1 & W_8^4 & W_8^7 & W_8^2 & W_8^5 \\
W_8^0 & W_8^5 & W_8^2 & W_8^7 & W_8^4 & W_8^1 & W_8^6 & W_8^3 \\
W_8^0 & W_8^7 & W_8^6 & W_8^5 & W_8^4 & W_8^3 & W_8^2 & W_8^1
\end{pmatrix}
\begin{pmatrix} x_0 \\ x_1 \\ x_2 \\ x_3 \\ x_4 \\ x_5 \\ x_6 \\ x_7 \end{pmatrix}
\tag{13.22}
$$

これらの行列を次のように奇数行、偶数行それぞれに対して整理する。

奇数行

変換行列に当たる $\mathbf{W}$ について、1 列目から 4 列目までの回転因子と 5 列目から 8 列目までの回転因子が同じように配置されている。したがって、次のように整理できる。

$$\begin{pmatrix} X_0 \\ X_2 \\ X_4 \\ X_6 \end{pmatrix} = \begin{pmatrix} W_8^0 & W_8^0 & W_8^0 & W_8^0 \\ W_8^0 & W_8^2 & W_8^4 & W_8^6 \\ W_8^0 & W_8^4 & W_8^0 & W_8^4 \\ W_8^0 & W_8^6 & W_8^4 & W_8^2 \end{pmatrix} \begin{pmatrix} x_0 + x_4 \\ x_1 + x_5 \\ x_2 + x_6 \\ x_3 + x_7 \end{pmatrix} \tag{13.23}$$

偶数行

変換行列の特徴として 5 列目から 8 列目までの回転因子に対称性を適用すると、次のように整理できる。

$$\begin{pmatrix} X_1 \\ X_3 \\ X_5 \\ X_7 \end{pmatrix} = \begin{pmatrix} W_8^0 & W_8^1 & W_8^2 & W_8^3 & -W_8^0 & -W_8^1 & -W_8^2 & -W_8^3 \\ W_8^0 & W_8^3 & W_8^6 & W_8^1 & -W_8^0 & -W_8^3 & -W_8^6 & -W_8^1 \\ W_8^0 & W_8^5 & W_8^2 & W_8^7 & -W_8^0 & -W_8^5 & -W_8^2 & -W_8^7 \\ W_8^0 & W_8^7 & W_8^6 & W_8^5 & -W_8^0 & -W_8^7 & -W_8^6 & -W_8^5 \end{pmatrix} \begin{pmatrix} x_0 \\ x_1 \\ x_2 \\ x_3 \\ x_4 \\ x_5 \\ x_6 \\ x_7 \end{pmatrix}$$

$$= \begin{pmatrix} W_8^0 & W_8^1 & W_8^2 & W_8^3 \\ W_8^0 & W_8^3 & W_8^6 & W_8^1 \\ W_8^0 & W_8^5 & W_8^2 & W_8^7 \\ W_8^0 & W_8^7 & W_8^6 & W_8^5 \end{pmatrix} \begin{pmatrix} x_0 - x_4 \\ x_1 - x_5 \\ x_2 - x_6 \\ x_3 - x_7 \end{pmatrix} \tag{13.24}$$

加えて、回転因子に対して指数法則を用いて分配すると、奇数行の変換行列と同じ変換行列へ整理できる。

$$\begin{pmatrix} X_1 \\ X_3 \\ X_5 \\ X_7 \end{pmatrix} = \begin{pmatrix} W_8^0 W_8^0 & W_8^0 W_8^1 & W_8^0 W_8^2 & W_8^0 W_8^3 \\ W_8^0 W_8^0 & W_8^2 W_8^1 & W_8^4 W_8^2 & W_8^6 W_8^3 \\ W_8^0 W_8^0 & W_8^4 W_8^1 & W_8^0 W_8^2 & W_8^4 W_8^3 \\ W_8^0 W_8^0 & W_8^6 W_8^1 & W_8^4 W_8^2 & W_8^2 W_8^3 \end{pmatrix} \begin{pmatrix} x_0 - x_4 \\ x_1 - x_5 \\ x_2 - x_6 \\ x_3 - x_7 \end{pmatrix}$$

13

$$
= \begin{pmatrix} W_8^0 & W_8^0 & W_8^0 & W_8^0 \\ W_8^0 & W_8^2 & W_8^4 & W_8^6 \\ W_8^0 & W_8^4 & W_8^0 & W_8^4 \\ W_8^0 & W_8^6 & W_8^4 & W_8^2 \end{pmatrix} \begin{pmatrix} W_8^0(x_0 - x_4) \\ W_8^1(x_1 - x_5) \\ W_8^2(x_2 - x_6) \\ W_8^3(x_3 - x_7) \end{pmatrix} \tag{13.25}
$$

整理した奇数行と偶数行についてもまだ奇数行と偶数行への分割が可能であることから、2 回目の分割と整理を行うと、次の 4 つへ分割できる。

1 回目奇数行の奇数行と偶数行：

$$
\begin{pmatrix} X_0 \\ X_4 \end{pmatrix} = \begin{pmatrix} W_8^0 & W_8^0 & W_8^0 & W_8^0 \\ W_8^0 & W_8^4 & W_8^0 & W_8^4 \end{pmatrix} \begin{pmatrix} x_0 + x_4 \\ x_1 + x_5 \\ x_2 + x_6 \\ x_3 + x_7 \end{pmatrix},
$$

$$
\begin{pmatrix} X_2 \\ X_6 \end{pmatrix} = \begin{pmatrix} W_8^0 & W_8^2 & W_8^4 & W_8^6 \\ W_8^0 & W_8^6 & W_8^4 & W_8^2 \end{pmatrix} \begin{pmatrix} x_0 + x_4 \\ x_1 + x_5 \\ x_2 + x_6 \\ x_3 + x_7 \end{pmatrix} \tag{13.26}
$$

1 回目偶数行の奇数行と偶数行：

$$
\begin{pmatrix} X_1 \\ X_5 \end{pmatrix} = \begin{pmatrix} W_8^0 & W_8^0 & W_8^0 & W_8^0 \\ W_8^0 & W_8^4 & W_8^0 & W_8^4 \end{pmatrix} \begin{pmatrix} W_8^0(x_0 - x_4) \\ W_8^1(x_1 - x_5) \\ W_8^2(x_2 - x_6) \\ W_8^3(x_3 - x_7) \end{pmatrix},
$$

$$
\begin{pmatrix} X_3 \\ X_7 \end{pmatrix} = \begin{pmatrix} W_8^0 & W_8^2 & W_8^4 & W_8^6 \\ W_8^0 & W_8^6 & W_8^4 & W_8^2 \end{pmatrix} \begin{pmatrix} W_8^0(x_0 - x_4) \\ W_8^1(x_1 - x_5) \\ W_8^2(x_2 - x_6) \\ W_8^3(x_3 - x_7) \end{pmatrix} \tag{13.27}
$$

新たに分割された式 (12.26) と式 (12.27) のそれぞれに対して 3 回目の分割と整理を施すと次のように整理される。

$$\begin{cases} \begin{pmatrix} X_0 \\ X_4 \end{pmatrix} = \begin{pmatrix} W_8^0 W_8^0 \\ W_8^0 W_8^4 \end{pmatrix} \begin{pmatrix} (x_0 + x_4) + (x_2 + x_6) \\ (x_1 + x_5) + (x_3 + x_7) \end{pmatrix} \\ \begin{pmatrix} X_2 \\ X_6 \end{pmatrix} = \begin{pmatrix} W_8^0 W_8^0 \\ W_8^0 W_8^4 \end{pmatrix} \begin{pmatrix} W_8^0((x_0 + x_4) - (x_2 + x_6)) \\ W_8^2((x_1 + x_5) - (x_3 + x_7)) \end{pmatrix} \\ \begin{pmatrix} X_1 \\ X_5 \end{pmatrix} = \begin{pmatrix} W_8^0 W_8^0 \\ W_8^0 W_8^4 \end{pmatrix} \begin{pmatrix} W_8^0(x_0 - x_4) + W_8^2(x_2 - x_6) \\ W_8^1(x_1 - x_5) + W_8^3(x_3 - x_7) \end{pmatrix} \\ \begin{pmatrix} X_3 \\ X_7 \end{pmatrix} = \begin{pmatrix} W_8^0 W_8^0 \\ W_8^0 W_8^4 \end{pmatrix} \begin{pmatrix} W_8^0(W_8^0(x_0 - x_4) - W_8^2(x_2 - x_6)) \\ W_8^2(W_8^1(x_1 - x_5) - W_8^3(x_3 - x_7)) \end{pmatrix} \end{cases} \tag{13.28}$$

この操作を続け、変換行列 $\mathbf{W}$ の回転因子の指数部 nk が 0 と $N/2$ になるまで、奇数行と偶数行の分割と整理を繰り返していく。$N = 8$ の条件では、式 (13.28) で終える。最終的に分割した全てが同じ変換行列になり、その値は次のようになる。

$$\mathbf{W} = \begin{pmatrix} W_N^0 & W_N^0 \\ W_N^0 & W_N^{N/2} \end{pmatrix} = \begin{pmatrix} 1 & 1 \\ 1 & -1 \end{pmatrix} \tag{13.29}$$

式 (13.29) を式 (13.28) に適用すると離散フーリエ変換 X_k は次のように計算できる。

$$\begin{pmatrix} X_0 \\ X_1 \\ X_2 \\ X_3 \\ X_4 \\ X_5 \\ X_6 \\ X_7 \end{pmatrix} = \begin{pmatrix} \big((x_0 + x_4) + (x_2 + x_6)\big) + \big((x_1 + x_5) + (x_3 + x_7)\big) \\ \big((x_0 - x_4) + W_8^2(x_2 - x_6)\big) + \big(W_8^1(x_1 - x_5) + W_8^3(x_3 - x_7)\big) \\ \big((x_0 + x_4) - (x_2 + x_6)\big) + W_8^2\big((x_1 + x_5) - (x_3 + x_7)\big) \\ \big((x_0 - x_4) - W_8^2(x_2 - x_6)\big) + W_8^2\big(W_8^1(x_1 - x_5) - W_8^3(x_3 - x_7)\big) \\ \big((x_0 + x_4) + (x_2 + x_6)\big) - \big((x_1 + x_5) + (x_3 + x_7)\big) \\ \big((x_0 - x_4) + W_8^2(x_2 - x_6)\big) - \big(W_8^1(x_1 - x_5) + W_8^3(x_3 - x_7)\big) \\ \big((x_0 + x_4) - (x_2 + x_6)\big) - W_8^2\big((x_1 + x_5) - (x_3 + x_7)\big) \\ \big((x_0 - x_4) - W_8^2(x_2 - x_6)\big) - W_8^2\big(W_8^1(x_1 - x_5) - W_8^3(x_3 - x_7)\big) \end{pmatrix} \tag{13.30}$$

クーリー–テューキー型高速フーリエ変換を適用する前の式 (13.21) の離散フーリエ変換では複素乗算の回数が 64 回必要であるが、このアルゴリズムによって、複素乗算の回数が 16 回まで少なくなる。また、分割統治法のメリットとして、各項の計算結果をメモリに保存し、計算結果を使い回すことができれば、複素乗算の回数は 4 回まで少なくすることができる。この計算量の削減によって高速フーリエ変換が成り立つ。

13.4 コーディングによるフィルタ

ディジタルフィルタの差分方程式は 13.2 節で述べたように表現される。この表現をコンピュータプログラミングとして表現することについて述べる。ある時刻におけるディジタルフィルタの入出力の離散値は表 13.1 のように扱い、その値をサンプリング間隔で更新する。

このコードで 1 行目の N は離散値を保管する期間であり、2 なら現在値と一つ前の値を保存する。2 行目の dt はサンプリング間隔 [s] を意味する。3、4 行目の配列は入出力の値の配列を意味する。5 行目はディジタルフィルタの繰り返し処理を意味し、13 行目にあるようにサンプリング間隔で動くように表現した。この内部では、入出力値の更新を 6〜11 行目で行い、12 行目に実装したいディジタルフィルタを実装する。

表 13.1　ディジタルフィルタのための基本コード

1	#define N 2
2	#define dt 0.01
3	float input_Value[N] = { 0 };
4	float output_Value[N] = { 0 };
5	while (1){
6	int t = 0;
7	for (t = N - 1; t > 0; t--){
8	input_Value[t] = input_Value[t - 1];
9	output_Value[t] = output_Value[t - 1];
10	}
11	input_Value[0] = input();
12	//write your filter code
13	delay(dt);
14	}

13.4.1 ローパスフィルタの実装

式 (13.6) のローパスフィルタを実装するには、表 13.2 を表 13.1 の 12 行目に挿入する。ただし、フィルタの特性を決定するパラメータ a に関しては浮動小数点型（float）で事前に初期化しておく。

表 13.2 ローパスフィルタのコード

```
1 output_Value[ 0 ]
          = a * output_Value[ 1 ] + ( 1 - a ) * input_Value [ 0 ];
```

13.4.2 ハイパスフィルタの実装

式 (13.15) のハイパスフィルタを実装するには、表 13.3 を表 13.1 の 12 行目に挿入する。ただし、ローパスフィルタ同様にフィルタの特性を決定するパラメータ a は事前に初期化しておく。

表 13.3 ハイパスフィルタのコード

```
1 output_Value[ 0 ]
     = a * output_Value[ 1 ] + input_Value [ 0 ] - input_Value [ 1 ];
```

また、ハイパスフィルタについては、入力値 X_k からローパスフィルタの出力を引くことでも次のように表現できる。

$$\begin{aligned} \mathrm{LPF}_k &= a\mathrm{LPF}_{k-1} + (1-a)x_k \\ y_k &= x_k - \mathrm{LPF}_k \end{aligned} \tag{13.31}$$

この方法でローパスフィルタを実装することができるが、ローパスフィルタの出力値 LPF を保存しなければならないため、変数を準備しなければならならず、計算量も多い。

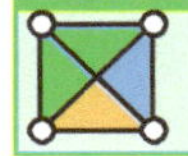

章末問題

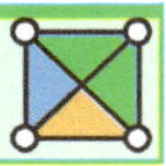

13.1 式 (13.6) のディジタルフィルタについて、$a = 0.5$ とし、次の離散値に

適用した場合の結果を図示しなさい。

x	y
0.5	0.5
1	
0.5	
0	
0.5	
1	
0.5	
0	
0.5	
1	

13.2 式 (13.6) のディジタルフィルタについて、$a = 0.1$ とし、問 13.1 の離散値に適用した場合の結果を図示しなさい。

13.3 式 (13.6) のディジタルフィルタについて、$a = 0.9$ とし、問 13.1 の離散値に適用した場合の結果を図示しなさい。

13.4 問 13.1〜13.3 の結果から、式 (13.6) のディジタルフィルタは入力値の交流成分と直流成分がどのように変化するか述べなさい。

13.5 式 (13.6) のディジタルフィルタについて、サンプリング周期 $t_s = 10$ ms、係数 $a = 0.5$ に設計したときの遮断周波数を求めなさい。

13.6 式 (13.14) のディジタルフィルタについて、$a = 0.5$ とし、問 13.1 の離散値に適用した場合の結果を図示しなさい。

13.7 式 (13.14) のディジタルフィルタについて、$a = 0.1$ とし、問 13.1 の離散値に適用した場合の結果を図示しなさい。

13.8 式 (13.14) のディジタルフィルタについて、$a = 0.9$ とし、問 13.1 の離散値に適用した場合の結果を図示しなさい。

13.9 問 13.6〜13.8 の結果から、式 (13.14) のディジタルフィルタは入力値の交流成分と直流成分がどのように変化するか述べなさい。

13.10 4 bit のクーリー–テューキー型高速フーリエ変換の離散フーリエ変換 X_k を求めなさい。

第14章 統計処理

本章に至るまでに、どのように電子的に情報を収集するのか、という様々な計測方法について述べてきた。最後に、計測データをどのように見るのか、そしてそのデータがどのような意味を持っているのかという観点から、本章はサンプリングした多くのデータを読み解くための統計処理について述べる。

14.1 信号や計測の統計的性質

振り返りとして、信号や計測は不規則信号であり、これは $x(t) = C$ や $x(t) = \sin(t)$ のように数式で表すことができない。そのため、ある時刻における信号をセンサの真の値として直接読み取ることができないので、統計的な性質を適用してその信号の特徴を得るという手順を踏む必要がある。

信号や計測には雑音や誤差といった影響が含まれる。この影響は基本的に**正規分布**の形で現れる。正規分布の確率密度関数をここに示す。

$$p(x) = \frac{1}{\sqrt{2\pi\sigma^2}} e^{\left(-\frac{(x-\mu)^2}{2\sigma^2}\right)} \qquad (-\infty < x < \infty) \tag{14.1}$$

ここで x は読み取った値、μ は平均値、σ^2 は分散を意味する。確率密度関数はその値の出やすさを表す関数である。その一方で、x 以下の値が出る確率を確率分布関数といい、次のように定義される。

$$P(x) = \frac{1}{\sqrt{2\pi\sigma^2}} \int_{-\infty}^{x} e^{\left(-\frac{(\xi-\mu)^2}{2\sigma^2}\right)} d\xi \tag{14.2}$$

確率分布関数は、非減少関数であり、$P(-\infty) = 0$、$P(\infty) = 1$ の間で定義される。確率密度関数と確率分布関数を図 14.1 に示す。

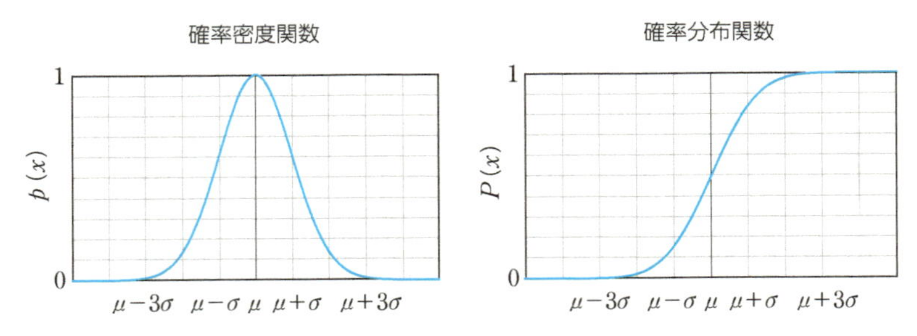

図 14.1　正規分布の確率密度関数と確率分布関数

正規分布を特徴づけるパラメータは、平均 μ と分散 σ^2 である。平均は正規分布の中心を位置付ける実数になる。分散は平均からのばらつきを表す標準偏差 σ の大きさが影響している。標準偏差はその値が小さいほど確率密度関数の形が鋭くなり、大きいほどその形が鈍くなる。言い換えれば、標準偏差（分散）が小さいほど平均に近い値が出やすくなり、反対に、標準偏差が大きいほど平均から離れた値も出やすくなることを意味する。

ある確率変数の値が正規分布のどこに収まるのかという確率を標準偏差と関連づけることができる。平均から ± 標準偏差までの区間に対して、$\mu - \sigma$ から $\mu + \sigma$ の範囲に 68.3%の確率で値が入る。さらに、標準偏差の大きさを大きくしていくと、$\mu - 2\sigma$ から $\mu + 2\sigma$ の範囲に 95.5%の確率で値が入り、$\mu - 3\sigma$ から $\mu + 3\sigma$ の範囲に 99.7%の確率で値が入る。大部分が $\pm 3\sigma$ の範囲内に含まれる。

平均 $\mu = 0$、分散 $\sigma^2 = 1$ の正規分布を**標準正規分布**と呼び、次の確率密度関数で表すことができる。

$$p(x) = \frac{1}{\sqrt{2\pi}} e^{\left(-\frac{x^2}{2}\right)} \tag{14.3}$$

標準正規分布に従わないが、平均 μ、分散 σ^2 の正規分布に従う確率変数 x がある場合、次式を用いることで標準正規分布に従う確率変数 z へ変換することができる。

$$z = \frac{x - \mu}{\sigma} \tag{14.4}$$

14.2 相関

14.2.1 相互相関

2つの変量 X と Y というデータがどの程度関連づいているか、また連動しているのかという類似性を捉える手段として、**相関**がある。例えば、X が増加すると Y も増加傾向にあるという関係性を**正の相関**、X が増加すると反対に Y が減少傾向にあるという関係性を**負の相関**と表す。

相関はあくまで関連性や連動性を確認するための指標であるため、必ずしも2つの変量の間に因果関係があるとは言えないことに注意しなければならない。直接関係性のないような変量同士が強い相関を表すことを**擬似相関**という。これは、擬似相関の対象となる変量が共通の変量と因果関係にあるとき、間接的に相関関係が現れてしまうためである。例えば、個人の「アイス」と「ビール」への支出は夏に多くなり、冬に少なくなるという傾向がある。これは「気温」という共通の変量に対する相関に基づいて説明することができる。しかし、「アイス」と「ビール」の支出だけに焦点を当てれば「アイスを買う人はビールも買いやすい傾向がある」という解釈もできてしまう。これが擬似相関である。誤った解釈であるため、データをまとめる際は注意すべきである。

相関を定量的に表すために**相関係数**を用いる。相関係数は2変量の共分散と偏差に基づいて次のように示すことができる。これを**相互相関関数**という。

$$r_{xy} = \frac{\frac{1}{N}\sum_{i=1}^{N}(x_i-\mu_x)(y_i-\mu_y)}{\sqrt{\frac{1}{N}\sum_{i=1}^{N}(x_i-\mu_x)^2}\sqrt{\frac{1}{N}\sum_{i=1}^{N}(y_i-\mu_y)^2}} = \frac{\sum_{i=1}^{N}(x_i-\mu_x)(y_i-\mu_y)}{\sqrt{\sum_{i=1}^{N}(x_i-\mu_x)^2}\sqrt{\sum_{i=1}^{N}(y_i-\mu_y)^2}} \tag{14.5}$$

ここで、分子は変量 X と Y の共分散、分母は各変量の標準偏差である。

相関係数は -1 から 1 までの値を示し、図14.2のように、-1 や 1 に近いほど変量 X と Y の相関が強いことを示し、0に近いほど相関がない（弱い）ことを示す。相関係数が0を超えたとき、正の相関、0未満のとき負の相関に当たる。

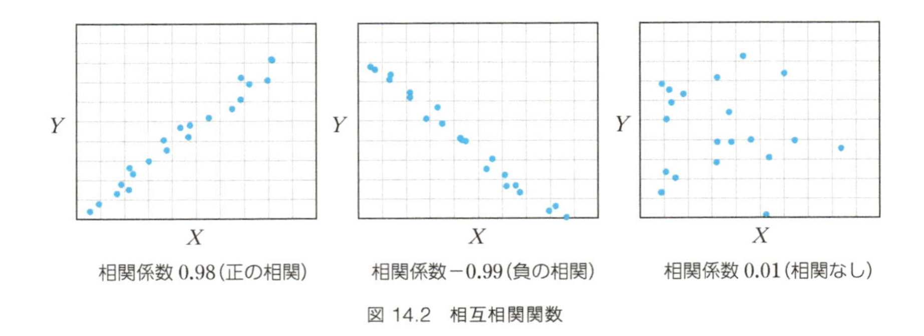

相関係数 0.98（正の相関）　相関係数 −0.99（負の相関）　相関係数 0.01（相関なし）

図 14.2　相互相関関数

14.2.2 自己相関

相互相関では 2 変量を扱い、それらのデータの類似性を相関係数で示した。この方法を時系列データに適用したら、現在のデータと過去のデータがどの程度類似しているかという情報を得ることができるようになる。これを**自己相関**という。

自己相関も相関係数でその類似度を表すことができ、次に示す**自己相関関数**で計算することができる。

$$
\begin{aligned}
r_{xx}(k, k_1) &= r_{xx}(k, k-\tau) \\
&= \frac{\frac{1}{N}\sum_{i=0}^{N-1}(x_{k-i}-\mu_x)(x_{k-i-\tau}-\mu_x)}{\sigma_x^2}
\end{aligned}
\tag{14.6}
$$

ここで、x_k はある離散時刻 k でサンプルした値になる。その時刻から τ 個前のデータとの関連性を調べることを意味する。ここでは離散時間で示したが、サンプリング間隔 Δt_s [s] を用いれば連続時間 $k\Delta t_s$ [s] のように計算することができる。

自己相関関数を正弦波に適用したときの様子を図 14.3 に示す。周期に対する位相差 $\Delta\theta$ に対する相関係数を計算している。位相差がない 0 と 1 の場合は相関係数が 1 を示し、逆相になる 0.5 の場合は相関係数が −1 を示している。周期信号に対して相関係数を用いることで、周期を検出することもできる。

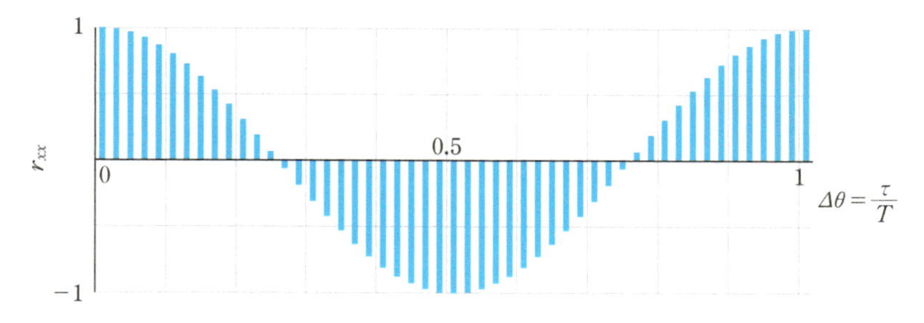

図 14.3 正弦波に対する自己相関関数

14.3 平均

14.3.1 相加平均

平均の話として、静止した加速度センサの出力値について、時系列データを取得することを考える。変位が生じないため、理論的には 0 が出力され続けるが、実際は雑音が影響して 0 にはならない。先述した正規分布に雑音が従うのであれば、長くデータを取り続ければ、その統計的な性質から、本来の出力値を次のように求めることができる。

$$\bar{x} = \frac{\sum_{n=1}^{N} x_n}{N} \tag{14.7}$$

ここでは N 個のデータ x を扱っている。これを**相加平均**（算術平均）といい、バーのアクセントをつけて $\bar{x}$ と表記するか、μ とおくことが多い。雑音が正規分布に従うなら、この平均は、最頻値であり、中央値になる。

式 (14.7) はデータ全ての要素に対する平均でもあるため、**集合平均**とも呼ばれる。また、その一部の区間を取り出して平均を求めることもできる。これを**時間平均**といい、次のように定義する。

$$\bar{x}_t = \frac{\sum_{n=t}^{t+Nt} x_n}{N_t} \tag{14.8}$$

ここで、t は時間平均を取り始める時刻であり、N_t は時間平均のために切り取った集合の大きさを意味する。確率的に発生する雑音の性質が時間的に変化しない過程を定常過程といい、どの時間平均も集合平均と一致することを**エルゴー**

ド性、その過程を**エルゴード過程**という。

14.3.2 加算平均

雑音に埋まってしまった時系列変化する信号を抽出するのは、非常に困難である。しかし、エルゴード性があり、何度計測しても同じ出力が得られるという高い再現性がある信号であれば、何度か計測を繰り返し、その結果を平均することで信号だけを抽出できる。なぜなら、信号の値は計測回数を変えても一定であるが、雑音の値は計測回数ごとに正負にランダムな値が重畳するためである。よって、計測回数に対する平均を使うことで、雑音は 0 に近くなり、信号は平均値に近い値として抽出することができる。この平均化の処理を**加算平均**といい、図 14.4 のように雑音に埋もれた信号を抽出することができる。加算平均を施すデータは信号の始まりや位相を考慮した区間を用意しなければならない。加算平均は次のように定義できる。

$$\bar{X} = \frac{X_1 + X_2 + \cdots + X_N}{N} \tag{14.9}$$

ここで、$X_1, X_2, \cdots, X_N$ は 1 回目から N 回目の計測で得たデータである。加算平均は、信号成分はそのまま残るが、雑音成分を計測回数に対して $1/\sqrt{N}$ 倍にすることができる。そのため、SN 比を改善する効果がある。

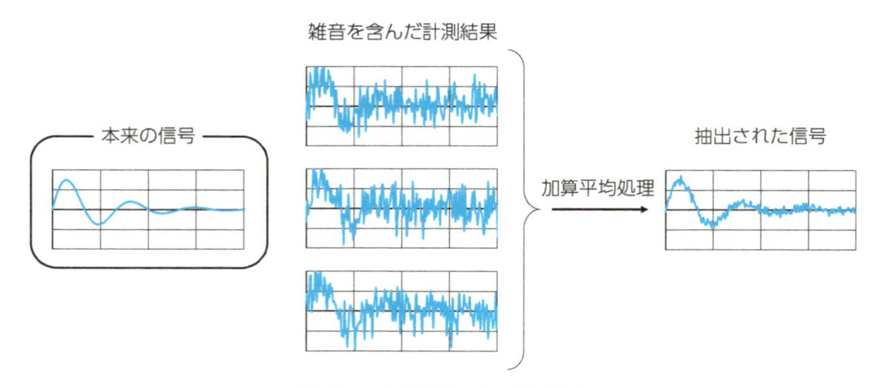

図 14.4　加算平均による信号抽出

14.3.3 移動平均

相加平均、加算平均は測定したデータに対する処理である。リアルタイムで信号から雑音を取り除くような処理を考えると、現在サンプルしたデータから少し前までにサンプルしたデータを平均化することで雑音を除去できる。これを**移動平均**といい、次のように定義される。

$$y_k = \frac{1}{N}\sum_{i=0}^{N-1} x_{k-i} \tag{14.10}$$

ここで N は移動平均に利用するデータ長を意味する。例えば、図 14.5 のようにある月の室温データをサンプルすると、日中と夜間で温度差という雑音が生じる。このようなデータに対して、1 日のデータ長に対する移動平均を適用することで、日中と夜間で温度差を取り除いたデータを出力することができるようになる。ただし、移動平均は過去のデータを扱うため出力が遅れる（位相差が生じる）ことに注意しなければならない。

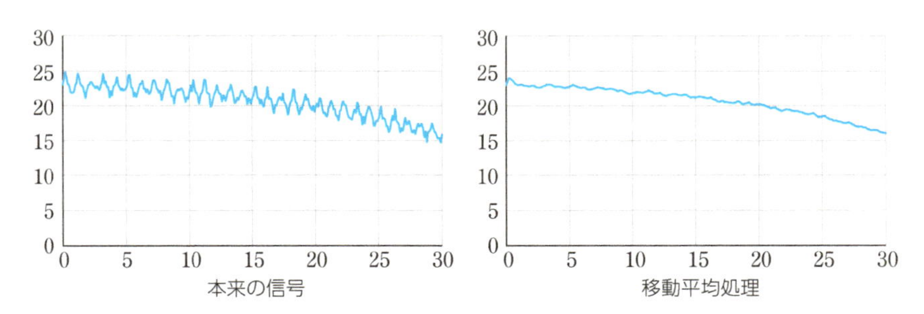

図 14.5　移動平均による信号抽出

前章「ディジタル信号処理」では、アナログフィルタに基づくディジタルフィルタのローパスフィルタについていくつか紹介したが、この移動平均についてもディジタル信号処理として実装することができる。

14.4 最小二乗法

平均を使うことで、雑音を除去することができることを示してきた。ここでは、誤差を含むデータをある関数に近似する方法について説明する。例えば、圧力センサに加えた圧力に対するセンサの出力電圧について、図 14.6(a) のようなデータが得られたとしよう。このデータからセンサの入出力特性を予測するならば、図 14.6(b) のような 1 次関数などへ近似できると仮定する。この関数のパラメータを特定する手段として、**回帰分析**がある。回帰分析において、予測する関数（$y = ax + b$ や $y = ax^2 + bx + c$ など）を**回帰式**といい、回帰式とデータの残差平方和（誤差の二乗）が最小になるような回帰式を求める方法を**最小二乗法**（最小自乗法）という。

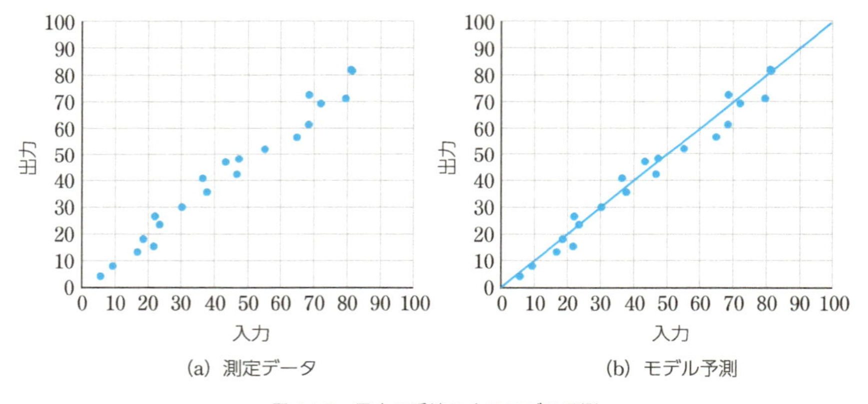

(a) 測定データ　　(b) モデル予測

図 14.6　最小二乗法によるモデル予測

最小二乗法が最小にすべき残差平方和 S は次のように定義される。

$$S = \sum_{i=1}^{N} (y_i - f(x_i))^2 \tag{14.11}$$

ここで、取得した N 個のデータの i 番目の値が y_i と x_i である。関数 $f(x_i)$ が回帰式である。最小二乗法の過程を説明するにあたり、次の関数を用いて説明する。

$$f(x_i) = ax_i + b \tag{14.12}$$

この 1 次関数で近似する回帰式を**回帰直線**といい、最小二乗法はこの関数のパラメータ、a と b を決定していく。

式 (14.12) を式 (14.11) に適用すると、次のように残差平方和を表すことができる。

$$S(a,b)=\sum_{i=1}^{N}(y_i-(ax_i+b))^2 \tag{14.13}$$

この残差平方和は式 (14.12) の a と b によってその値を変えることから、a と b の関数になる。残差平方和を最小にする a と b はそれぞれを偏微分して、その値が 0 になればよい。これを表すと次のような式になる。

$$\begin{cases} \dfrac{\partial S(a,b)}{\partial a} = -2\displaystyle\sum_{i=1}^{N} x_i(y_i-(ax_i+b)) = 0 \\ \dfrac{\partial S(a,b)}{\partial b} = -2\displaystyle\sum_{i=1}^{N} (y_i-(ax_i+b)) \quad = 0 \end{cases} \tag{14.14}$$

式 (14.14) から a と b について整理すると、次のような連立方程式が得られる。

$$\begin{pmatrix} \sum_{i=1}^{N} x_i^2 & \sum_{i=1}^{N} x_i \\ \sum_{i=1}^{N} x_i & N \end{pmatrix} \begin{pmatrix} a \\ b \end{pmatrix} = \begin{pmatrix} \sum_{i=1}^{N} x_i y_i \\ \sum_{i=1}^{N} y_i \end{pmatrix}$$

のように表現すると、

$$\begin{pmatrix} a \\ b \end{pmatrix} = \frac{1}{N\sum_{i=1}^{N} x_i^2 - \left(\sum_{i=1}^{N} x_i\right)^2} \begin{pmatrix} N & -\sum_{i=1}^{N} x_i \\ -\sum_{i=1}^{N} x_i & \sum_{i=1}^{N} x_i^2 \end{pmatrix} \begin{pmatrix} \sum_{i=1}^{N} x_i y_i \\ \sum_{i=1}^{N} y_i \end{pmatrix} \tag{14.15}$$

上式に基づいて a, b を計算すると次のようになる。

$$\begin{cases} a = \dfrac{N\sum_{i=1}^{N} x_i y_i - \sum_{i=1}^{N} x_i \sum_{i=1}^{N} y_i}{N\sum_{i=1}^{N} x_i^2 - \left(\sum_{i=1}^{N} x_i\right)^2} \\ b = \dfrac{-\sum_{i=1}^{N} x_i \sum_{i=1}^{N} x_i y_i + \sum_{i=1}^{N} x_i^2 \sum_{i=1}^{N} y_i}{N\sum_{i=1}^{N} x_i^2 - \left(\sum_{i=1}^{N} x_i\right)^2} \end{cases} \tag{14.16}$$

これによって、データから残差平方和を最小にする a と b が求まる。同様の方法で 2 次関数や 3 次関数についても各パラメータを偏微分して逆行列を作ることで、解くことができる。回帰式を M 次関数とした場合の最小二乗法の一般式を示す。

$$f(x_i) = \sum_{j=0}^{M} a_j x_i^j \tag{14.17}$$

式 (14.17) を式 (14.11) に代入し、次数 j の各係数 a_j で偏微分した値が 0 になるように連立方程式を立てると、次のような行列を用いた式になる。

$$\begin{pmatrix} a_0 \\ a_1 \\ a_2 \\ \vdots \\ a_M \end{pmatrix} = \begin{pmatrix} \sum_{i=1}^N x_i^0 & \sum_{i=1}^N x_i^1 & \cdots & \sum_{i=1}^N x_i^M \\ \sum_{i=1}^N x_i^1 & \sum_{i=1}^N x_i^2 & \cdots & \sum_{i=1}^N x_i^{M+1} \\ \vdots & \vdots & \ddots & \vdots \\ \sum_{i=1}^N x_i^M & \sum_{i=1}^N x_i^{M+1} & \cdots & \sum_{i=1}^N x_i^{M+M} \end{pmatrix}^{-1} \begin{pmatrix} \sum_{i=1}^N x_i^0 y_i \\ \sum_{i=1}^N x_i^1 y_i \\ \sum_{i=1}^N x_i^2 y_i \\ \vdots \\ \sum_{i=1}^N x_i^M y_i \end{pmatrix} \tag{14.18}$$

この式を解くことによって、高次の最小二乗法を適用することができる。

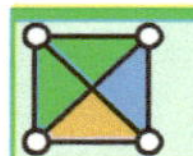

章末問題

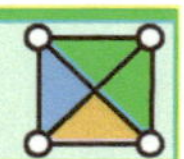

14.1 次のデータの x に対して、正規分布の確率密度関数を求めなさい。

x	y	x	y	x	Y
−4	17	3	18	−7	0
1	−3	0	0	10	13
1	11	1	10	0	21
−12	31	−3	7	−7	9
8	14	4	−3	8	−9
1	11	−8	24	3	17
−1	6	14	2		

14.2 問 14.1 のデータの y に対して、正規分布の確率密度関数を求めなさい。

14.3 問 14.1、問 14.2 のデータを標準正規分布に変換した結果を求めなさい。

14.4 問 14.1 のデータ x と y について相関係数を求めなさい。

14.5 問 14.3 で変換したデータ x と y について相関係数を求めなさい。

14.6 ハムノイズが重畳した信号に対して、移動平均を用いて直流成分を取り出したい。このとき、どの程度のデータ長の移動平均を用いたらよいか。

14.7 次の図のような関係のあるデータが得られた。このデータの関係性について最小二乗法を用いて予測したい。どのような関数で表現できるか、また、どのようなモデルになるか、考えなさい。

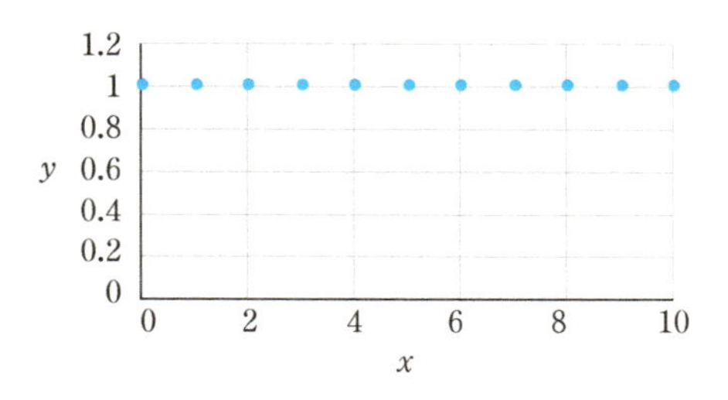

索引

英字

あ行

か行

さ行

た行

な行

は行

ま行

や行

ら行

著者紹介

鈴木(すずき)　剛(つよし)　博士（工学）

1998 年　埼玉大学大学院理工学研究科生産科学専攻博士後期課程修了

現　在　東京電機大学工学部情報通信工学科教授

山岸航平(やまぎしこうへい)　博士（工学）

2023 年　東京電機大学大学院先端科学技術研究科

情報通信メディア工学専攻博士後期課程修了

現　在　東京電機大学工学部情報通信工学科講師

NDC541　223p　21cm

電気電子情報(でんきでんしじょうほう)ビギナーズコース

電気電子計測(でんきでんしけいそく)

2025 年 3 月 26 日　第 1 刷発行

著　者　鈴木(すずき)　剛(つよし)・山岸航平(やまぎしこうへい)

発行者　篠木和久

発行所　株式会社　講談社

〒 112-8001　東京都文京区音羽 2-12-21

販売　(03)5395-5817

業務　(03)5395-3615

KODANSHA

編　集　株式会社　講談社サイエンティフィク

代表　堀越俊一

〒 162-0825　東京都新宿区神楽坂 2-14　ノービィビル

編集　(03)3235-3701

本文データ制作　藤原印刷　株式会社

印刷・製本　株式会社　ＫＰＳプロダクツ

落丁本・乱丁本は、購入書店名を明記のうえ、講談社業務宛にお送りください。送料小社負担にてお取替えします。なお、この本の内容についてのお問い合わせは、講談社サイエンティフィク宛にお願いいたします。定価はカバーに表示してあります。

Printed in Japan

ISBN 978-4-06-538183-0